LA GUERRA DE
DOS MUNDOS

Grupo ROBIN BOOK

Barcelona - México
Buenos Aires

SERGIO L. PALACIOS

LA GUERRA DE
DOS MUNDOS

MA
NON
TROPPO

Un sello de Ediciones Robinbook
Información bibliográfica
C/ Indústria, 11 (Pol. Ind. Buvisa)
08329 — Teià (Barcelona)
e-mail: info@robinbook.com
www.robinbook.com

© 2008, Sergio Luis Palacios Díaz

© 2008, Ediciones Robinbook, s. l., Barcelona

Diseño de cubierta e interior: La Cifra (www.cifra.cc)
Fotografías de cubierta: iStockphoto

ISBN: 978-84-15256-21-2
Depósito legal: B-34.002-2011

Impreso por Novagràfik, S.L., Pol. Ind. Foinvasa-Molí dèn bisbe, c/ Vivaldi, 5 - 08110 - Mont

Impreso en España — Printed in Spain

Para Miranda y Ade, mis dos mundos.
A mi familia.

Dime y lo olvido; enséñame y lo recuerdo;
involúcrame y lo aprendo.

Benjamin Franklin

ÍNDICE

Agradecimientos

Este libro no hubiera sido posible sin la confianza que depositaron en mí, tanto Corina Herralde como el equipo de Ma Non Troppo. Estoy en deuda también con mi hermano Alberto, la primera persona que leyó el primer capítulo que escribí: Balas hiperveloces; gracias a sus comentarios mejoró considerablemente. Igualmente quiero mostrar mi más sincero agradecimiento a mi amigo y compañero Julio, quien se ofreció muy amablemente para leer el manuscrito, contribuyendo a la mejora de la versión final.

Prólogo

A MODO DE DISCULPAS

El libro que ahora te dispones a leer, querido lector, constituye un modesto y osado intento de contribuir a la divulgación de la física. Aunque es ahora cuando acaba de tomar forma su redacción final, la enloquecida idea de escribir esta obra se había fraguado en realidad hace ya más de tres años. Por entonces, había tenido conocimiento de la asignatura Física i ciencia ficció, impartida por los profesores de la universidad politécnica de Cataluña Manuel Moreno y Jordi José. Me puse en contacto con ellos y tras intercambiar unos cuantos correos electrónicos no tuve duda alguna de que había encontrado una especie de almas gemelas. Lo primero que pensé fue que era realmente posible enseñar en la universidad cosas que jamás hubiera imaginado. Se podía enseñar y aprender física haciendo uso de una de mis grandes aficiones: el cine de ciencia ficción. Sin perder tiempo, diseñé un programa docente y propuse la idea al vicerrectorado de mi universidad. Acababa de nacer una asignatura de libre elección que se bautizó como Física en la ciencia ficción. Comencé a impartirla un año después con 40 alumnos matriculados (el máximo permitido). Actualmente, nos encontramos disfrutando del cuarto curso académico consecutivo. Por la asignatura han pasado ya 130 estudiantes procedentes de carreras de todo tipo: física, química, matemáticas, ingeniería, magisterio, filosofía, pedagogía, derecho, historia, etc. Durante las clases, vemos primeramente una película, una escena concreta o un grupo de escenas para, posteriormente, analizar y discutir sobre las cuestiones físicas involucradas. Tengo que decir que mi papel en el aula no corresponde a lo que se podría entender como un profesor al uso, sino que la labor que desempeño es más bien la de un moderador en un coloquio abierto a todos los estudiantes. Son ellos los que charlan, opinan, analizan, divagan o preguntan, limitándose mi intervención al momento en que se hace imprescindible una explicación teórica o para participar como un miembro más en el grupo.

Con una parte de todo el material que he ido reuniendo a lo largo de estos cuatro cursos he ido escribiendo pequeños artículos de carácter monográfico donde trato de recoger las ideas científicas involucradas en las películas visionadas durante las clases. No se trata, en ningún caso, de artículos que tengan la pretensión de hacer un análisis exhaustivo ni de dar una lección magistral acerca de ningún tema en particular. En algunas ocasiones tratan de servir como punto de partida a la hora de iniciar una posible investigación más profunda y rigurosa; en otras constituyen meros intentos de explicar o aclarar algún que otro concepto o ley física con la que los estudiantes suelen tener cierta dificultad. En todo caso, una característica común que he tratado de mantener siempre en todos ellos es la relativa brevedad, pues defiendo la idea (equivocada o no) de que el nivel de asimilación de un cierto conocimiento o disciplina mejora enormemente si se adquiere en pequeñas dosis. El hecho de ser monográficos les proporciona, igualmente, un carácter cerrado e independiente, razón por la cual el lector puede empezar a leer el libro por donde más le plazca. No quisiera terminar estos párrafos de presentación sin hacer una referencia al estilo en que están escritos los capítulos. En este sentido, he intentado emplear siempre un lenguaje cercano al lector, sobre todo a la gente joven, así que determinadas expresiones utilizadas o alusiones que hago a lo largo del texto son totalmente intencionadas (incluso malintencionadas) y en absoluto son producto de una coincidencia accidental. Hablar el mismo idioma cuando se mantiene una conversación siempre ayuda al entendimiento, pero, por supuesto, todo ello no es óbice para que no se mantenga el rigor característico del lenguaje científico. Por otro lado, pido perdón por adelantado a quien pudiera sentirse ofendido y le recomiendo encarecidamente la lectura de textos más eruditos y más políticamente correctos en su manejo del lenguaje escrito.

Finalmente, quiero recalcar algo que considero particularmente deseable: el hecho de que muchas de las páginas que vienen a continuación puedan servir como herramientas pedagógicas de interés didáctico para las profesoras y profesores de física de los centros de enseñanza secundaria y bachillerato, pues son ellos los que tienen quizá la más difícil tarea de despertar las vocaciones, en edades tan críticas, de los futuros científicos. Ojalá lo consigan. A todos los demás, no me queda desearos otra cosa sino que disfrutéis de la lectura de este libro como yo he disfrutado de su escritura. Aquí da comienzo *La guerra de dos mundos*. Confío en que deje «secuelas».

Lugones (Asturias)

1. Rayos, láser y centellas

Le diré a usted un definitivo puede ser.

Las primeras aventuras espaciales que inundaban todas las revistas *pulp** durante las primeras décadas del siglo XX trataban mayormente sobre héroes fantásticos que viajaban por mundos lejanos y exóticos librando batallas contra malvados y todo tipo de criaturas extraterrestres. El denominador común de las armas utilizadas era casi siempre la ya mítica «pistola de rayos», la «pistola de energía» y los «desintegradores», unos dispositivos cuasi todopoderosos y capaces de aturdir, matar o vaporizar su objetivo, dependiendo de lo dadivoso que se mostrase el héroe de turno. Así, personajes como Buck Rogers o Flash Gordon poseían armas de este tipo, probablemente inspiradas por el terrible «rayo calórico» del que habían hecho gala, ya en 1898, los marcianos invasores de la novela *La guerra de los mundos*, de H. G. Wells. Unos años después, durante la década de los 60, los protagonistas de *Star Trek* maravillaron al mundo con su *faser* y, a finales de los setenta, Han Solo y Luke Skywalker, entre otros, nos deslumbraron con su *blaster*, para delirio de los fans de la saga *Star Wars* (*La guerra de las galaxias*).

¿Qué tienen en común todos estos artilugios, surgidos de la mente calenturienta del hombre y creados para la destrucción? Pues que todos ellos son, en todos los casos, armas extraordinariamente manejables, siempre accionadas desde las manos de sus poseedores y parecen emitir luz de gran potencia. ¿Qué son? ¿Cómo funcionan? ¿Tienen alguna base científica? Éstas y otras preguntas encontrarán respuestas adecuadas a continuación.

---

* Los *Pulp Magazines*: revistas y cómics populares de ciencia ficción.

Star Wars. El actor Liam Neeson encarnando a Qui Gon Jinn, deslumbró a los espectadores con una ingeniosa espada láser.

El hecho de que todas las armas antes mencionadas utilicen la luz como medio disuasorio me recuerda que, en nuestro aburrido mundo real, poseemos un artefacto que también es capaz de hacer algo similar, aunque no del todo. Se trata del láser, un término que alude a las iniciales de la palabra inglesa *laser*, una sigla, en realidad, que significa Light Amplification by Stimulated Emission of Radiation (amplificación de luz mediante emisión estimulada de radiación). El principio teórico del funcionamiento del láser se debe al trabajo pionero de Charles Townes en la universidad de Columbia, donde construyó, en los años 50 del siglo XX, el «máser», un dispositivo que emitía un haz de microondas (ondas electromagnéticas de frecuencias comprendidas entre 300 MHz y 300 GHz) en lugar de luz. A finales de esa misma década, en colaboración con Arthur Schawlow, ambos establecieron los fundamentos para hacer realidad el primer láser, pero en 1960 se les adelantó Theodore Maiman (tristemente fallecido el 5 de mayo de 2007), de los Laboratorios Hughes, en California. La historia de la invención del primer láser es muy curiosa, pues Maiman envió sus resultados a la «prestigiosa» revista *Physical Review Letters*, pero sus editores rechazaron el trabajo, algo que figurará ya para siempre en los anales de las mayores y más vergonzosas meteduras de pata de su historia. Con un humor que podréis imaginar, el doctor Maiman decidió hacer público su descubrimiento de una manera nada ortodoxa en el mundo de la ciencia: comunicándolo directamente a la prensa de Nueva York el 7 de julio de 1960 (un gesto de osadía torera en el día de San Fermín). Gracias a ello, hoy en día le debemos cosas como poder soldar retinas oculares desprendidas, destruir tumores, recortar componentes microelectrónicos, cortar patrones de moda, inducir procesos de fusión nuclear controlada, realizar fotografía de muy alta velocidad (con tiempos de exposición de billonésimas de segundo), alinear estructuras en carreteras y edificios, detectar movimientos en la corteza terrestre y determinados tipos de contaminación atmosférica, cortar y cauterizar tejidos vivos, efectuar depilaciones incluso en la entrepierna (masculina y femenina), reparar vasos sanguíneos rotos, eliminar tatuajes en sitios indiscretos o marcas de nacimiento tipo 666, como la que poseía el enigmático niño Damien en *La profecía* (*The Omen*, 1976), estimular el crecimiento de semillas, leer formatos digitales como CD y DVD o códigos de barras, elevar objetos por levitación, dirigir misiles, realizar agujeros en diamantes, establecer comunicaciones con ayuda de fibras ópticas y tantas y tantas otras que hacen la vida humana tan placentera y digna de ser disfrutada.

El funcionamiento de un láser se puede describir de una forma bastante simple. Consta de un medio activo, que puede ser un sólido, un líquido o un gas. Los átomos de este medio pueden ser excitados (a este proceso se lo denomina «bombeo») mediante una descarga eléctrica, una pequeña explosión nuclear, una reacción química, etc. De esta manera, se provoca que los electrones de los átomos del medio activo salten hacia los niveles energéticos superiores y decaigan de nuevo, emitiendo fotones según un proceso denominado «emisión estimulada».

Debido a que, en condiciones normales, la gran mayoría de los electrones se encuentran en su estado fundamental (el de más baja energía) se lleva a cabo lo que se conoce como una «inversión de población», consistente en poblar con más electrones los niveles energéticos superiores para así facilitar la emisión de fotones. Cuando esto se hace de forma correcta, se puede observar a la salida del dispositivo una luz brillante coherente (las crestas y los valles de las ondas que representan los fotones están perfectamente alineadas unas con otras), monocromática (de un solo color) y muy direccional (el rayo apenas se dispersa, es decir, el haz apenas se ensancha, manteniendo en todo momento la misma trayectoria) que la diferencia apreciablemente de la luz originada, por ejemplo, por una linterna o una lámpara, que producen luz incoherente, policromática (de muchas longitudes de onda diferentes) y poco direccional (el haz se va abriendo a medida que se aleja de la linterna). Si os habéis fijado alguna vez en este fenómeno, habréis podido apreciar que el haz luminoso de una linterna se ensancha varios centímetros, incluso a distancias de unos pocos metros. Con un rayo láser esto no ocurre. De hecho, existe uno apuntando continuamente hacia la Luna y su haz no se dispersa más de 3 km a lo largo de su viaje de casi 400.000 km. Así pues, resulta muy sencillo instalar un espejo en la superficie de nuestro satélite (como hicieron en 1969 los astronautas norteamericanos Neil Armstrong y Michael Collins) y hacer que el rayo se refleje en él. Midiendo el tiempo empleado entre la salida y la llegada se determina con gran precisión la distancia entre la Tierra y la Luna.

Dependiendo de la naturaleza física del medio activo, el color de la luz láser generada puede ser elegido casi a voluntad, existiendo igualmente en la zona infrarroja y ultravioleta, entre otras, del espectro electromagnético. Sin embargo, no todos los láseres resultan igualmente sencillos de construir y de llevar a la práctica. Un inconveniente decisivo a la hora de hacerlos operativos consiste en que, a medida que disminuye la longitud de onda elegida, el proceso de emisión estimulada (absolutamente imprescindible para que tenga lugar el efecto láser) se ve desfavorecido frente a la absorción, resultando dominante este último, es decir, los electrones atómicos «prefieren» absorber fotones antes que emitirlos. La consecuencia inmediata es que si se quiere construir, pongamos por caso, una terrible arma mortífera como un láser de rayos X o, peor aún, uno de rayos gamma (conocido como «gráser»), los problemas crecen enormemente y se requieren descomunales cantidades de energía para ponerlos en marcha. ¿Cómo se las han ingeniado, entonces, el capitán James T. Kirk, Han Solo, Luke Skywalker, Buck Rogers o Flash Gordon para poder accionar con un solo dedo armas de un poder destructor semejante? Más aún, ¿cómo es posible que exista un artilugio tan impresionante como el sable de luz utilizado por los caballeros Jedi?

¿Existen láseres con la suficiente potencia como para acabar con una vida humana o con un baboso y libidinoso monstruo alienígena ávido de sexo con bellas mujeres terrícolas? Empecemos por el principio y veamos los tipos de láser más conocidos en la actualidad (pido perdón si olvido alguno de los muchos que hay). El primer láser operativo, construido por Maiman en 1960, tenía como medio activo un sólido, el rubí, y se puede incluir en la categoría de los llamados láseres de estado sólido (a veces se utiliza el zafiro como medio activo, dopado con titanio). Entre éstos, actualmente, uno de los más utilizados es el Nd:YAG (granate de aluminio e ytrio dopado con neodimio), que produce radiación, preferentemente, en el infrarrojo con una longitud de onda de 1060 nanómetros (milésimas de micra o milmillonésimas de metro). Con él se han llegado a generar potencias de hasta un kilovatio (o kilowatt, kW) en el modo continuo (la radiación se emite de forma continua en el tiempo) y mucho mayores en el modo pulsado (la radiación no se emite de forma continua, sino a impulsos que duran

Es imposible ver el trazo de un rayo láser en el vacío, sólo en la ciencia ficción podemos apreciar los disparos de las naves en combate.

lapsos de tiempo tan cortos, que el ojo no los percibe), al superponer algunos formando un tándem. Existen, también, láseres de rubí capaces de proporcionar potencias del orden de los gigawatts (miles de millones de watts) durante unos pocos nanosegundos. En diciembre de 1984, el láser Nova de los laboratorios Lawrence Livermore en California, formado por diez haces simultáneos, emitió una radiación ultravioleta durante un nanosegundo, produciendo una energía de 18.000 joules. Se trata de un láser de vidrio dopado con neodimio y puede focalizar hasta 120 billones de watts en un pequeño bloque de combustible nuclear para iniciar una reacción nuclear de fusión. En 1996 se lograron pulsos de 1.250 billones de watts de 580 joules durante unos breves 490 femtosegundos (milbillonésimas de segundo). Otros elementos químicos con los que se suele dopar el YAG son el erbio, el tulio y el holmio, dando lugar a láseres que emiten luz de 1.645, 2.015 y 2.090 nanómetros, respectivamente.

Existen, asimismo, láseres de gas, que utilizan como medio activo una mezcla de gases, preferentemente gases nobles (el más utilizado es el de He-Ne, que solemos emplear en las aulas para hacer demostraciones debido a su pequeña dispersión y gran estabilidad con la temperatura), el dióxido de carbono (produce luz de 10,6 micras de longitud de onda y se encuentra entre los más eficientes y potentes cuando emite de forma continua) o el fluoruro de hidrógeno; en otras ocasiones, se emplean gases puros como el nitrógeno molecular (genera radiación en el ultravioleta a 337,1 nanómetros). Un láser de dióxido de carbono de unos pocos kilowatts puede ser capaz de abrir un agujero en una placa de acero de más de medio centímetro de grosor en tan sólo unos pocos segundos.

Otros tipos de dispositivos láser son los que hacen uso de materiales semiconductores como medios activos (el arseniuro de galio se encuentra entre los más habituales). Presentan dos variantes conocidas como «de pozo cuántico» y «de punto cuántico». Entre sus ventajas se cuentan su alta eficiencia (bajas pérdidas), que puede llegar hasta el 50 % en modo continuo y su pequeño tamaño, que les permiten incluso reducir sus dimensiones a las de un grano de arena; las potencias de emisión llegan a alcanzar unos pocos centenares de miliwatts. Se suelen encontrar formando parte de los reproductores de discos compactos y de las impresoras láser. Aunque, al principio, necesitaban enfriarse a temperaturas del orden de la del nitrógeno líquido (−196 °C), en la actualidad se hallan disponibles en el mercado y funcionan perfectamente a temperatura ambiente.

Los láseres químicos son bombeados mediante energía generada en una reacción química. El más conocido es el láser de fluoruro de deuterio y dióxido de carbono. Su gran ventaja es que no necesita fuente de alimentación externa, ya que la reacción entre el flúor y el deuterio produce la energía suficiente como para bombear un láser de dióxido de carbono. Otros tipos menos habituales son los láseres líquidos, fácilmente sintonizables, es decir, que se puede elegir la longitud de onda a la que emiten su luz.

Finalmente, los láseres de electrones libres, desarrollados en el último tercio de la década de los 70 en el siglo pasado. Precisan un acelerador de partículas que les proporciona a los electrones velocidades relativistas (decenas de miles de kilómetros por segundo); tras hacerlos pasar por una región en la que existe un potente campo magnético para desviarlos y dirigirlos adecuadamente, emiten radiación láser cuyas características (frecuencia e intensidad) dependen de la velocidad alcanzada previamente y de la configuración particular del campo magnético empleado. Está previsto que en 2008 comience a operar el XFEL (X-ray Free Electron Laser), el primer láser en el mundo capaz de emitir en la región del espectro electromagnético correspondiente a los denominados rayos X duros, cuya longitud de onda puede ser tan pequeña como una décima de nanómetro. XFEL ocupará un túnel rectilíneo excavado bajo tierra a distintos niveles, con una extensión de casi tres kilómetros y medio. Los pulsos que generará serán de 100 femtosegundos o incluso más cortos y se lograrán potencias de pico de varias decenas de gigawatts.

A la vista de todo lo anterior parece fácil afirmar que láseres como algunos de los que hemos citado pueden ser perfectamente utilizados como armas muy poderosas. Pero, si sabéis leer entre líneas, hay algunos detalles que he pasado por alto de forma deliberada o los he dejado entrever de forma muy sutil. Me estoy refiriendo al asunto de la eficiencia, es decir, a la relación entre la energía generada por el artilugio y la energía desperdiciada o no aprovechable directamente como poder mortífero. Veréis, resulta que para que el láser funcione correctamente es necesario proporcionarle «algo» con lo que se produzca la inversión de la población y, consecuentemente, la emisión estimulada. Esto se hace con una fuente de alimentación. Mucho de ese poder se pierde en forma de calor y, muy raramente, se consiguen rendimientos superiores al 25-30 %. Por lo tanto, se precisan sistemas de refrigeración que acompañen al láser. Y aquí viene lo bueno, ya que esas fuentes de alimentación y esos sistemas de refrigeración han de ser enormes. De hecho, la más compacta de la que disponemos actualmente tiene el tamaño aproximado de un tráiler (más de 100 metros cúbicos). Puede que esto no sea impedimento a bordo de un destructor imperial intergaláctico o en la *Estrella de la Muerte*, pero sí que constituye un serio contratiempo a la hora de llevar un arma de éstas en la mano. Uno de los láseres más poderosos con el que contamos en la Tierra es el MIRACL (láser químico avanzado de infrarrojo medio), capaz de generar potencias de más de dos millones de watts durante algo más de un minuto, el cual está diseñado para alcanzar objetivos en el espacio; su tamaño es descomunal. A pesar de todo, estas armas terroríficas perderían eficacia al ser disparadas desde el espacio con la intención de destruir objetivos en tierra, ya que la radiación de un láser se ve seriamente afectada por el aire y las condiciones meteorológicas. Si un haz suficientemente intenso atravesase la atmósfera, el aire se calentaría y se crearían turbulencias, dando lugar a áreas de altas y bajas presiones que harían desviarse al rayo. No obstante, para aquellos de vosotros con espíritu sanguinario, un fino halo de esperanza: hasta lo anterior se puede aprovechar para diseñar un arma. Existe en el mundo real un dispositivo denominado «aguijón eléctrico inalámbrico», desarrollado por la compañía norteamericana HSV Technologies Inc. Consiste, básicamente, en un láser de rayos ultravioletas, el cual afecta, a su paso, al aire circundante creando una especie de túnel de iones positivos y negativos. El láser, por sí mismo, no produce daño alguno en el blanco, pero junto con él se envía una corriente eléctrica que viaja por el canal iónico anterior y que es la que le atiza una buena sacudida al objetivo. El pequeño inconveniente es que semejante arma tiene, aún, el tamaño aproximado de una maleta de viaje.

Los láseres operativos que poseemos actualmente abarcan longitudes de onda que van desde el infrarrojo hasta el ultravioleta. Me imagino que seguiréis dándole vueltas en vuestras cabezas al asunto de los láseres de rayos X o a los inquietantes gráseres o láseres de rayos gamma. Siento decepcionaros, pues casi todo lo que se está haciendo en el mundo con ellos se halla casi siempre tratado como «materia clasificada», ya que su potencial uso militar es evidente y a esta gente le encanta jugar a soldaditos y hacerse los interesantes con los secretitos. Mala suerte. Lo siento. Si os sirve de consuelo, puedo contaros que, por ejemplo, para producir un haz de rayos X sería preciso bombear energía al medio activo que constituye el láser mediante una pequeña explosión nuclear. Me imagino que para el gráser los requerimientos serán poco menos que escandalosos, pero también os digo que si los militares están en ello, acabará lográndose. Es cuestión de tiempo y de dinero.

Bien, pero vamos hacia el desenlace de este capítulo, que a buen seguro lo estáis esperando con frenética avidez. ¿Qué os parece empezar por esas maravillosas y preciosistas escenas en *Star Wars* donde se pueden apreciar con total nitidez los rastros de colores brillantes de los rayos láser? Otra decepción: resulta que son físicamente imposibles. ¿Por qué? Pues muy sencillo. Si recordáis, al principio del capítulo habíamos dicho que la luz láser era muy direccional. Y ahí reside la cuestión. Si alguna vez habéis observado un puntero láser de esos que ya venden en las tiendas de «todo a 1 euro», os habréis dado cuenta de que el rastro de la luz no aparece por ningún sitio. Únicamente se percibe un punto luminoso si el haz golpea sobre algún objeto material, como puede ser una pared o el rostro de algún pardillo que se ponga por delante. Es decir, que únicamente seremos capaces de «ver» el láser si la luz interacciona de alguna forma con la materia. Si una persona apunta el láser en una determinada dirección, ¿cómo va a ser capaz de ver él mismo el trazo? Para que eso sucediese, la luz debería viajar en dirección a sus ojos, rompiéndose la condición de direccionalidad de la que hace gala la radiación láser. Quiero deciros, además, que este fenómeno no es exclusivo del láser. Con una linterna ocurre exactamente lo mismo. Entonces, ¿por qué vemos la luz de la linterna y no la del láser? Pues, sencillamente, porque la luz procedente de la linterna se dispersa mucho más, el haz se abre a medida que se aleja de la empuñadura. En ese «camino ancho», los fotones que viajan por él se encuentran con partículas de polvo suspendidas en el aire, chocan con ellas y salen rebotados en todas direcciones, en particular, hacia nuestros ojos. En cambio, el láser viaja por un «camino mucho más estrecho», interaccionando muy de cuando en cuando con alguna mota o partícula de polvo. Por eso, a veces, se puede apreciar algún

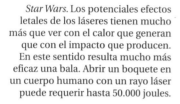

Star Wars. Los potenciales efectos letales de los láseres tienen mucho más que ver con el calor que generan que con el impacto que producen. En este sentido resulta mucho más eficaz una bala. Abrir un boquete en un cuerpo humano con un rayo láser puede requerir hasta 50.000 joules.

que otro destello ocasional. De todas formas, en el vacío del espacio la cosa aún es peor, pues ahí no existe materia alguna con la que los fotones puedan interaccionar y, consecuentemente, salir despedidos en dirección alguna. Deben resultar, por tanto, completamente invisibles. Un truco muy utilizado para poder ver el camino seguido por un rayo láser es el de fumar (os recuerdo que fumar perjudica seriamente la salud) y expulsar el humo esparciéndolo por la región por donde viaja el haz. Los no fumadores podéis hacerlo de más formas; una de ellas es introducir la luz del láser en un tanque lleno de agua en una habitación preferentemente a oscuras; otra manera puede ser haciendo chocar dos borradores de tiza bien cargaditos y disparar el rayo a través de la nube de polvo que se genera. Solamente, en algunas ocasiones, cuando el haz transporta una energía considerable (del orden de los miles de joules) el aire queda ionizado, pudiéndose apreciar una estela de chispas, pero jamás la luz procedente del láser mismo.

Otra cuestión que tiene que ver con el poder de un láser como arma de combate se refiere al momento lineal que poseen los fotones. Para una partícula con masa, su momento lineal se define como el producto de ésta por la velocidad con la que se desplaza. Pero, para los fotones, la cosa cambia, pues no tienen masa conocida. Su momento lineal se puede obtener dividiendo su energía por el valor de la velocidad de la luz o, equivalentemente, calculando el cociente entre la constante de Planck y la longitud de onda del fotón. Si se hace esto, enseguida se puede apreciar que el momento lineal de un fotón rojo es mil billones de billones más pequeño que el que posee una bala de un gramo que se desplaza a un kilómetro por segundo. Cuando dos objetos colisionan, lo que hacen es modificar sus momentos lineales, fundamentalmente. Al golpear un camión con un hueso de aceituna, el primero no suele salir demasiado mal parado. Así, lo mismo debe suceder cuando un rayo láser procedente de una nave de combate del malvado Imperio alcanza al *Halcón Milenario* del cínico Han Solo.

Nunca podrá desplazarlo o inclinarlo, como se puede apreciar en una escena de *El imperio contraataca* (*Star Wars: Episode V–The Empire Strikes Back*, 1980). Los incrédulos podéis probar a peinar a alguien con la luz de una linterna. Os quedará más de «un pelo de tontos». Los potenciales efectos letales de los láseres tienen mucho más que ver con el calor que generan que con el impacto que producen. En este sentido, resulta mucho más eficaz una bala. Abrir un boquete en un cuerpo humano con un rayo láser puede requerir hasta 50.000 joules, necesarios para «quemar» piel y músculos. El daño no se produce por golpeo, sino por los efectos derivados del intenso calor generado.

Por último, resta el asunto de los sables de luz de los caballeros Jedi. Resulta evidente que no se comportan como láseres, pues la luz se propaga indefinidamente y en línea recta (salvo muy raras excepciones, como al pasar cerca de un campo gravitatorio intenso). Esto no parecen cumplirlo las espadas luminosas del «club de amigos de la Fuerza». Las encienden con un botoncito alojado en la empuñadura y sale un chorro deslumbrante de vivo color que sólo alcanza un metro (centímetro arriba, centímetro abajo). ¿Quién la tiene más larga, Luke o Vader? La regla de los dedos índice y pulgar no parece cumplirse aquí, ya que la de Yoda parece tan grande como la del maestro Windu.

Estas armas místicas, más bien, parecen comportarse como lo que los físicos denominamos un plasma, esto es, un gas calentado hasta temperaturas extremas (del orden de millones de grados), de tal forma que sus átomos han sido despojados de sus molestosos electrones. Ahora, las cargas positivas de los núcleos atómicos y las negativas de los electrones se comportan de forma independiente, pudiendo generar incluso campos eléctricos y magnéticos y comportándose de forma muy distinta a un gas ordinario.

Un plasma emite luz cuando los electrones vuelven a recombinarse con los núcleos que por allí pululan, siendo el color de la misma característico de la composición particular y la temperatura del plasma. ¿Quién la tiene más caliente, Darth Maul u Obi Wan? El problema de disponer de un plasma tiene que ver con la forma de confinarlo, ya que su temperatura destruiría por completo las paredes de un contenedor «tradicional». La técnica habitual es encerrarlos mediante campos magnéticos diseñados con geometrías muy definidas. Para un sable Jedi, lo ideal sería una configuración cilíndrica. Sin embargo, aparecen problemas. Por ejemplo, de momento, no se conoce método alguno para acortar la longitud del cilindro, tapándolo por la parte superior, evitando con ello que el plasma se derramase y abrasase la mano que lo sujeta. Por otro lado, volvería a aparecer, al igual que con el láser, el inconveniente del tamaño enorme de la fuente de alimentación. Otra pega tiene que ver con la intensidad del campo magnético confinador del plasma, pues su intensidad debe decrecer a medida que nos alejamos de la empuñadura. Quizá parezca, a simple vista, buena la opción del sable doble de Darth Maul, cuyo pomo se encuentra en el medio de los dos haces. Sin embargo, como la longitud de cada una de sus dos «hojas» parece igual de grande que la de una espada «monohaz», simplemente, el problema parece también doble. Para acabar, ¿cómo es que pueden chocar unas espadas con otras? Una prueba más de que no se puede tratar de láseres y una evidencia más de que se parecen mucho más a un plasma. Esto podría ser perfectamente creíble si los campos magnéticos con los que se confina el plasma pudiesen hacerse repulsivos (no en el sentido de asquerosos, sino en el otro). Tristemente, nuestra tecnología aún se encuentra lejos de esta posibilidad, ya que se necesitarían plasmas millones de veces más densos y decenas de veces más calientes que los que somos capaces de producir. Así y todo, el calor en las proximidades del sable resultaría del todo insoportable. Pero ¿qué es esto para alguien que domina la misteriosa Fuerza?

2. Encuentros en la primera fase

La realidad tiene límites; la estupidez no.

Napoleón Bonaparte

Si alguna vez nos preguntasen cuál es la imagen que asociamos con la ciencia ficción, puede que una gran parte contestásemos que la silueta de un platillo volante surcando el cielo o las profundidades del espacio interestelar. Incluso fuera del mundo del celuloide o de la literatura sobre el tema, existen miles de personas que juran y perjuran, sin ningún género de duda, haber visto y/o subido a bordo de estas naves de supuesto origen extraterrestre. En la mayoría de los avistamientos, los testigos afirman que los platillos volantes cambian el sentido de su movimiento de forma repentina y a unas velocidades muy superiores a las de un avión. También suelen coincidir en señalar la total ausencia de ruido de su sistema de propulsión.

La expresión «platillo volante» nació el 24 de junio de 1947, cuando el piloto estadounidense Kenneth Arnold afirmó haber avistado nueve objetos volantes mientras sobrevolaba el monte Rainier, en el estado norteamericano de Washington. Arnold afirmó que se encontraban a unos 3.000 metros de altura y se desplazaban a la increíble velocidad de 2.000 kilómetros por hora. La paranoia que surgió aquella tarde de verano aún se deja sentir en nuestros días, 60 años después.

En los años cincuenta del siglo XX, durante la guerra fría, se asociaron los platillos volantes con vehículos procedentes del espacio exterior tripulados por seres de otros planetas. Y, claro, el cine no se pudo resistir a la tentación de aprovechar la ocasión. Ya figuran entre los clásicos de las ensaladeras voladoras películas como *Ultimátum a la Tierra* (*The Day the Earth Stood Still*, 1951), *Regreso a la Tierra* (*This Island Earth*, 1955), *La Tierra contra los platillos volantes* (*Earth vs. the Flying Saucers*, 1956), *Encuentros en la tercera fase* (*Close Encounters of the Third Kind*, 1977) o

E.T., el extraterrestre (*E.T., the Extraterrestrial*, 1982). ¿De dónde vienen? ¿Qué quieren? ¿Son pacíficos o belicosos? Éstas y otras preguntas similares aparecen continuamente en la prensa cuando se hace eco de algún «contacto» o más comúnmente «encuentro». Los encuentros suelen agruparse en tres categorías diferenciadas, aunque existen otras clasificaciones. Los llamados encuentros en la «primera fase» se dan cuando hay un avistamiento del ovni (objeto volador no identificado); los encuentros en la «segunda fase» son aquellos de los que existen evidencias reales, como pueden ser huellas, fotografías, películas, etc.; por último, los encuentros en la «tercera fase» se dan cuando hay un contacto directo con los alienígenas. Como parece ser que no existen demasiadas evidencias de los dos últimos, voy a detenerme un poco en los encuentros en la primera fase. Una gran parte de los testigos de avistamientos de ovnis suele coincidir en que los platillos volantes no emiten prácticamente sonido alguno cuando se desplazan a grandes velocidades (una escena que muestra este hecho se puede encontrar en los primeros minutos de *Ultimátum a la Tierra*). Bien, tengo que decir que por muy extraterrestres o extragalácticos que sean estos seres, así como las misteriosas naves que tripulan, cuando un objeto se desplaza en el aire a una velocidad superior a la del sonido (más o menos, unos 1.200 km/h) se debe producir lo que se denomina un «boom sónico», algo parecido a una tremenda explosión que se genera debido precisamente a que dicho objeto volador se desplaza más rápido que el sonido que él mismo genera.

Otro fenómeno curioso que se puede contemplar en las películas con platillos volantes consiste en que éstos, en muchas ocasiones, parecen rotar alrededor de un eje perpendicular al plano del disco de la nave —la secuencia de los títulos de crédito iniciales de *Mars Attacks* (*Mars Attacks!*, 1996) ilustra esto a la perfección—. Una vez que las naves aterrizan, los alienígenas salen en posición erguida paralela al eje de rota-

Centrifugadora donde se entrenan los pilotos, sometidos a fuerzas de hasta 8 g's (8 veces la fuerza de gravedad).

Avión supersónico superando la barrera del sonido. El aire que fluye alrededor de la superficie del avión cambia y se convierte en fluido compresible.

ción anteriormente aludido. Y esto es lo extraño, ya que la fuerza centrífuga debería hacerles estar literalmente pegados a las paredes laterales de la nave mientras ésta viaja por el espacio sideral. Un tratamiento más correcto de este fenómeno se puede observar en la película *2001, una odisea del espacio* (*2001: A Space Odyssey*, 1968), concretamente en la famosa escena en la que uno de los tripulantes de la inmensa nave de forma toroidal hace *footing* por el interior de la misma aprovechando la pseudogravedad generada por la rotación.

Finalmente, y quizá lo más importante, es el asunto de la aceleración. Los testigos de los encuentros en la primera fase suelen afirmar que los platillos volantes describen cambios repentinos de dirección a velocidades vertiginosas. Hacer esto requiere unas aceleraciones tremendas que vamos a comentar a continuación. Pongamos el ejemplo de un coche de Fórmula 1. Si éste parte del reposo y acelera de 0 a 100 km/h en algo menos de tres segundos, la aceleración media que experimenta el piloto es de aproximadamente 10 metros por segundo cada segundo. Esto equivale a una aceleración idéntica a la de la gravedad en la superficie de nuestro planeta, es decir, la aceleración con la que se precipita un cuerpo que dejemos caer libremente cerca de la superficie terrestre. Comúnmente, a esta aceleración se la denomina g. Así, 20 metros por segundo cada segundo suele decirse 2 g's; 30 metros por segundo cada segundo 3 g's, y así sucesivamente. Pero dejemos que nuestro automóvil de Fórmula 1 describa una curva de 100 metros de radio a 250 km/h. La aceleración que siente el piloto, en este caso, es de 5 g's. Es como si el cuerpo del piloto pesase 5 veces más de lo normal. De ahí que los pilotos coloquen en sus habitáculos un apoyacabezas para estar más cómodos al describir curvas cerradas y que, por ello, necesiten ejercitar mucho los músculos del cuello, que son los que más sufren (tened en cuenta que una cabeza humana ronda los 8 kilogramos de peso). Pero sigamos con las cifras. Si un vehículo que se desplaza a 65 km/h sufre una colisión y se detiene en una décima de segundo, la desaceleración que sufre es de 18 g's. Un platillo volante desplazándose a algo más de 1.000 km/h y que girase repentinamente hacia un lado en ángulo recto a la misma velocidad en una décima de segundo sufriría una aceleración de 300 g's. Los pilotos de combate, que son, probablemente, las personas que experimentan las mayores aceleraciones en este mundo, raramente superan las 10 g's, lo cual significa que si pretenden describir un ángulo recto, como el platillo volante anterior, emplearían 3 segundos. Para poder soportar estas tremendas aceleraciones, los pilotos permanecen embutidos en unos trajes especiales que obligan a la sangre a no acumularse en las extremidades y a fluir a la cabeza de forma que no pierdan el conocimiento. El récord de aceleración para un ser humano parece estar en unas 17 g's durante unos 4 minutos, aproximadamente, y para ello fue necesario emplear una enorme centrifugadora. Los mismos astronautas parten de cero hasta alcanzar casi los 40.000 km/h y emplean unos 15 minutos haciendo uso de las distintas fases del cohete, con lo que las aceleraciones experimentadas difícilmente superan las 4 o 5 g's.

Las fuerzas involucradas en estos cambios de velocidad tan grandes en tan cortos lapsos de tiempo son de tal magnitud que pueden llegar incluso a destruir los vehículos, sobre todo los aviones de combate. Fijaos en la escena de *Superman returns (El regreso)*, de 2006, en la que nuestro héroe detiene en pleno vuelo el avión en el que viaja Lois Lane... En las imágenes se pueden apreciar unas ondas que se propagan por el fuselaje, al mismo tiempo que éste se deforma apreciablemente.

Decididamente, si de verdad proceden de otras galaxias, los platillos volantes deben atravesar distancias tan grandes que para poder realizar el periplo en un tiempo razonable deberían poder propulsarse a velocidades comparables a la de la luz en el vacío. Pero esto vuelve a requerir aceleraciones espeluznantes (a no ser que su tecnología alienígena haya desarrollado un sistema desconocido por nosotros, terrícolas atrasados). Acelerar hasta el 10 por ciento de la velocidad de la luz en unos 50 minutos supondría sufrir 1.000 g's. Si no quisiesen perder tiempo en acelerar y lo consiguiesen en 30 segundos serían 100.000 g's. En cambio, si no dispusiesen de una tecnología y unos materiales capaces de soportar estas tensiones y quisiesen mantener una aceleración similar a la que disfrutamos aquí en la Tierra, necesitarían algo menos de 35 días. Y eso solamente para alcanzar una velocidad equivalente a la décima parte de la velocidad de la luz. En el hipotético caso de que un objeto pudiera alcanzar tal velocidad (semejante hazaña viene prohibida por la teoría especial de la relatividad), sería necesario casi un año de aceleración y otro más para detenerse. Por cierto, este hecho se refleja en la famosa novela de Pierre Boulle, llevada al cine por Franklin J. Schaffner, en 1968, y por Tim Burton, en 2001, respectivamente: *El planeta de los simios (Planet of the Apes)*.

3. En cohete sí,
pero no demasiado lejos

10, 9, 8, 7, 6, 5, 4, 3, 2, 1, 0... Así se realiza la cuenta atrás para el despegue de un cohete espacial desde que ocurriera por primera vez en el cine, concretamente en la película dirigida en el año 1929 por Fritz Lang *La mujer en la Luna* (*Frau im Mond*). El argumento de la cinta se centraba en la realización de un viaje a la Luna con el fin de encontrar oro. Filmada con más sentido poético que rigor científico, se podía contemplar a los protagonistas paseando por nuestro satélite ataviados con ropa de calle, sin escafandra y con una gravedad de lo más terrestre. No sería hasta 21 años más tarde cuando la segunda cuenta atrás pudo escucharse en el estreno de *Con destino a la Luna* (*Destination Moon*, 1950), una producción del mítico George Pal y basada en la novela titulada *Rocketship Galileo*, de Robert A. Heinlein, que intentaba nada menos que filmar una película que fuese totalmente respetuosa y rigurosa con el conocimiento científico de la época (a estas películas se las denominaba «falsos documentales» o «mockumentary», en su término inglés). Y, como era de suponer, el fracaso en taquilla fue histórico, lo cual demuestra que la gente siempre preferirá aquello que los antiguos romanos llamaban «pan y circo». *Con destino a la Luna* narra las aventuras del filántropo Jim Barnes, el investigador aeroespacial Charles Cargraves y el general Thayer, quienes participan en un proyecto que tiene como objetivo enviar una nave tripulada a la Luna. Durante el alunizaje, ocurre un terrible contratiempo que les hace consumir una cantidad de combustible mayor que la prevista inicialmente. Como consecuencia, no les queda otra salida que desprenderse de todo el peso superfluo posible si quieren regresar a salvo a la Tierra. Durante toda la producción, que duró dos años, se cuidó hasta el lí-

Woman in the moon. Fotograma de la película dirigida en 1929 por Fritz Lang.

mite la verosimilitud de las escenas y del guión. La película contó con el asesoramiento científico de personas como Hermann Oberth, que había sido colaborador de Werner von Braun, el creador de las tristemente célebres bombas volantes V1 y V2 utilizadas por los nazis durante la Segunda Guerra Mundial. Cuenta la leyenda que, incluso, el diseñador de los decorados, Chesley Bonestell, ordenó cambiar la secuencia del alunizaje para que tuviese lugar sobre el cráter Harpalus en lugar de Aristarco, pues desde éste no es posible divisar la Tierra, la cual aparecía sobre el horizonte lunar en algunas escenas. También obligó al director a rodar con las puertas del estudio abiertas y prohibió terminantemente que se fumase en el interior, para que la atmósfera se mantuviese lo más limpia y transparente posible, con el fin de simular la falta de aire en la superficie de la Luna.

¿Por qué deben los protagonistas de la película desprenderse de todo el peso superfluo posible? En este capítulo, me centraré en responder a esta cuestión y, de paso, aprovecharé la oportunidad para desvariar un poco y decir alguna que otra tontería que anime el cotarro. 5, 4, 3, 2, 1, ... Allá voy.

Actualmente, el sistema que empleamos los subdesarrollados terrícolas para viajar al espacio consiste en el empleo de naves espaciales propulsadas por cohetes. El combustible que utilizan estos cohetes puede ser tanto líquido como sólido y, debido a la ausencia de oxígeno en el espacio, deben llevarlo consigo. La reacción química tiene lugar en la cámara de combustión, donde se generan los gases producto de la misma, que son expulsados por las toberas a una gran velocidad. Es ésta enorme velocidad la responsable de que el cohete salga impulsado en sentido contrario, como consecuencia del cumplimiento de la tercera ley del movimiento de Newton o, si se quiere ver de otra forma, de la ley de conservación del momento lineal. Hoy en día, esto es algo que nos puede resultar extremadamente sencillo de entender, pero parece ser que no ocurría así en la década de los años 20, cuando Robert Goddard llevaba a cabo sus estudios sobre cohetería. En 1920, en un ya mítico titular, el diario *The New York Times* publicaba el siguiente párrafo:

«El profesor Goddard no conoce la relación entre la acción y la reacción ni la necesidad que debe haber de disponer de algo mejor que el vacío sobre lo que ejercer un empuje. No parece, pues, saber lo que se enseña a diario en las escuelas».

Sin comentarios. Semejante muestra de ignorancia científica no fue reconocida públicamente hasta 49 años después, cuando, en julio de 1969, el *Apollo XI* despegaba hacia la Luna. Y, para colmo, el diario neoyorquino no se había enterado que en 1953 el mismísimo Tintín ya había sido puesto sobre la superficie de nuestro único satélite natural por el magistral Hergé.

En fin, que si queréis entender cómo funciona un cohete de propulsión a chorro, prestad atención y seguid leyendo. No es más que una consecuencia directa de la ley de conservación del momento lineal. En efecto, si se considera el conjunto formado por la nave (vacía) y el combustible como un sistema aislado, esto es, que no se encuentre bajo la acción de una fuerza neta (o bien que ésta sea poco importante), el momento lineal de todo el conjunto debe mantenerse inalterado. Esto significa que, como el momento lineal antes del despegue es cero (el cohete está quietecito), éste debe mantenerse siempre en ese valor para cualquier instante de tiempo posterior. Pero, como el momento lineal es una cantidad vectorial que tiene el mismo sentido que la velocidad, ha de ocurrir que, para que la suma de los dos momentos lineales (de los productos gaseosos de la combustión, por un lado y de la propia nave, por el otro) sea nula, ambos deben salir despedidos en sentidos contrarios. Y esto no requiere en absoluto la necesidad de aire; puede ocurrir perfectamente en el vacío del espacio, no como afirmaba el *The New York Times*. Nos apercibimos de esta importante ley física cada vez que disparamos un arma de fuego y sentimos el retroceso. Asimismo, podemos aprovecharnos de este principio en el caso de que seamos abandonados cruelmente en el centro de un lago

Fotograma de la película *Con destino a la Luna*, dirigida por Irving Pichel (1950).

helado: si queremos llegar a una orilla, no tenemos más que arrojar un objeto que llevemos con nosotros hacia la orilla contraria a la que pretendamos llegar. ¿Que os han dejado desnudos y sin nada que poder lanzar? Probad a hacer pipí y sentiréis lo mismo que un cohete espacial rudimentario.

Bien, sigo. ¿Cuál es la cuestión con el cohete? Pues que su masa no permanece constante, ya que el combustible utilizado va aligerando el sistema. Esto hace un poquito más complicado el análisis teórico del problema, pero nada que no tenga solución si uno sabe algo de cálculo diferencial. ¿Veis por qué vuestro profesor de matemáticas tenía razón? ¡Hala, a estudiar, que nunca está de más! Tonterías aparte, cuando se integra la ecuación diferencial resultante, se llega a la conclusión de que la velocidad final de la nave depende de tres parámetros: la velocidad relativa de los gases expulsados con respecto a la propia nave, la masa de la nave vacía (sin combustible) y la masa del propio combustible. Y aquí es donde se pueden hacer números para darse cuenta del problema real que nos espera si es que queremos llegar a alcanzar astros relativamente lejanos a la Tierra. El caso es que uno podría pensar que basta con aumentar la masa de combustible para incrementar, en consonancia, la velocidad del cohete. Craso error. Por otra parte, quizá conviniese más elevar la velocidad de los gases expulsados. Craso error. No se puede aumentar indefinidamente ninguna de las dos cantidades (en las «Fuentes y referencias bibliográficas» del final del libro figura una página de internet que ofrece una simulación estupenda).

Con la tecnología de la que disponemos, no es posible llegar más allá de velocidades producto de la combustión de unos 4-5 km/s (a medida que aumenta la velocidad se incrementa enormemente la temperatura, pudiendo destruir la propia estructura del cohete). Acelerar la nave hasta esta velocidad requeriría (con la ayuda de nuestra ecuación) una masa de fuel de 1,7 veces la masa de la nave cuando está vacía. No parece una cosa demasiado seria, si no fuera porque este factor aumenta exponencialmente a medida que se intentan alcanzar cotas cada vez más elevadas en la velocidad del cohete. Duplicar la velocidad anterior, implicaría llevar a bordo el equivalente a 6,4 veces el peso de la nave en combustible. Si tuviésemos la descabellada idea de alcanzar la estrella más cercana a nosotros, Próxima Centauri, a unos 4 años luz de distancia, emplearíamos unos 2.800 años llevando con nosotros una cantidad de combustible del orden de la masa de nuestra galaxia, la Vía Láctea, a una velocidad de poco más de 430 km/s. Más aún, no habría suficiente masa en todo el universo que se pudiera transformar en combustible para alcanzar una velocidad tan mísera como el 0,2 % de la velocidad de la luz.

¿Creéis que acaban aquí nuestras desdichas? Pues esto no es nada. Todo lo anterior se cumple para una única aceleración; cada vez que frenásemos ocurriría tres cuartos de lo mismo y necesitaríamos otro tanto de combustible disponible. *Porca miseria...*

Ah, y que no se os ocurra planear un viaje de vuelta sin disponer de la posibilidad de repostar en el astro de destino, pues llevar desde aquí el combustible necesario exigiría unos depósitos monstruosos, y no me estoy refiriendo al doble de grandes, como parecería lógico pensar. Esto es una consecuencia de nuestra graciosa amiga, la ecuación del cohete. Os pongo un ejemplo con numeritos. Si quisiésemos viajar hasta Marte (por poner un ejemplo plausible) y, en el viaje de regreso, necesitásemos una cierta cantidad de combustible para abandonar el planeta rojo igual a 10 veces la masa de la nave vacía, deberíamos partir de la Tierra con una masa de fuel 100 veces superior a la de la nave cuando no tiene propelente. Es decir, las necesidades iniciales de combustible varían con el cuadrado de las necesidades para emprender el viaje de vuelta (siempre que se alcancen velocidades semejantes en ambos trayectos). Y, como la necesidad es la madre de la inteligencia, la moraleja de todo esto es que debemos trabajar para idear sistemas de propulsión nuevos, más eficientes y capaces de lanzarnos a alcanzar el sueño de un viaje interestelar y, quién sabe, quizá intergaláctico.

4. Por un puñado de antimateria

Un hombre con una idea nueva es un loco hasta que la idea triunfa.

Mark Twain

En el capítulo precedente abordé el tema de la propulsión de una nave espacial. Allí, os detallaba las dificultades insalvables que presentaba viajar a las profundidades del espacio a bordo de un cohete alimentado con combustible químico. Siguiendo con el mismo hilo argumental, en esta ocasión, avanzaré un poco más y os contaré qué se puede hacer con la antimateria, la sustancia de la que se nutren los motores warp de la nave *Enterprise* en la serie *Star Trek*.

A diferencia de otros conceptos exóticos, e incluso producto de la más despierta de las imaginaciones, que aparecen a lo largo de la serie de Gene Roddenberry, la antimateria tiene una existencia de lo más real en nuestro mundo. Efectivamente, lo que conocemos habitualmente por antimateria se entiende mejor si se aplica al caso de las partículas elementales. Casi todos sabréis que los átomos se componen, básicamente, de protones y neutrones, que conforman el núcleo atómico, y electrones. Pues bien, todas estas partículas poseen su «alter ego», su antipartícula asociada. Lo que caracteriza a la antimateria es que ciertas propiedades físicas son opuestas en signo a las correspondientes de sus partículas. Así, por ejemplo, un antielectrón tiene igual masa pero carga eléctrica opuesta al electrón; un antiprotón posee idéntica masa a la del protón, pero su carga eléctrica es idéntica en magnitud aunque negativa, en oposición a la positiva del protón. Los antineutrones, al ser eléctricamente neutros, se diferencian de sus parejas en otras propiedades, como por ejemplo el número bariónico, aunque esto no interesa demasiado en este momento.

La existencia de la antimateria fue postulada de forma teórica por Paul Dirac en 1928, cuando logró conciliar en una serie de ecuaciones el comportamiento cuántico de las partículas atómicas con su movimiento a velocidades comparables a la de la luz. Dirac dedujo una ecuación cuántica y relativista que describía maravillosamente las juerguecitas rápidas en las que se entretenían los electrones durante sus ratos de ocio cuántico. Pero se dio cuenta de que aquella ecuación predecía la existencia de una partícula que debía de ser idéntica al electrón, salvo en un detalle: tenía que poseer una carga igual pero opuesta. Tuvieron que transcurrir cuatro años hasta que, en 1932, Carl D. Anderson, por aquel entonces un científico del Caltech en Estados Unidos, encontró trazas extrañas dejadas por los rayos cósmicos en su cámara de niebla. Esas trazas parecían provenir de una partícula con una masa muy parecida a la del electrón, pero seguían un camino totalmente opuesto en presencia de un campo magnético, lo cual indicaba que su carga eléctrica debía de ser opuesta igualmente. El 28 de febrero de 1933, Anderson comunicó sus resultados a la prestigiosa revista *Physical Review*, cuyo editor bautizó a la nueva partícula como «positrón» (Anderson la había llamado «electrón positivo»). Tres años más tarde, Anderson recibiría el premio Nobel de física por su descubrimiento, la primera evidencia experimental de la existencia de la antimateria. Hubieron de transcurrir 23 años hasta que se descubrieron los primeros antiprotones en el bevatrón de Berkeley, y tan sólo un año después se identificó el antineutrón.

La antimateria está presente en una buena cantidad de relatos de ciencia ficción. Robert Bly hace una breve recopilación en su libro *The Science in Science Fiction*. Aquí aparecen cuentos como «Planeta negativo» («Minus Planet», John D. Clark, 1937) donde se relata la inminente colisión de un extraño planeta con la Tierra, «La tormenta» («The Storm», Alfred E. van Vogt, 1943), o los relatos de contraterrene (CT stories), de Jack Williamson. (Podéis encontrar algunos más en la página web que aparece en las referencias bibliográficas, al final del libro.) Os resultarán también familiares los cerebros positrónicos de los robots ideados por Isaac Asimov, así como el terrible rayo positrónico pergeñado por la calenturienta mente del villano Durand Durand, a quien intenta encontrar la neumática Barbarella (protagonista del filme *Barbarella*, 1968), la primera mujer en realizar un *strip-tease* en gravedad cero. ¡Y qué *strip-tease*! Con mi retorcida mente masculina, diré que sólo por eso ya merece la pena ver la película. El resto es claramente prescindible.

¿Por qué interesa la antimateria como sustancia propulsora de un ingenio espacial? Pues, sencillamente, porque es capaz de proporcionar una cantidad de energía enorme. Cuando una partícula de materia se encuentra con su colega de antimateria, ambas se aniquilan

Carl D. Anderson descubrió el positrón y, por tanto, la antimateria. En 1936 recibió el premio Nobel de Física.

mutuamente produciendo un estallido de radiación gamma con una energía igual a la expresada por la famosa ecuación de Einstein: $E = mc^2$. Esto quiere decir que prácticamente toda la masa se ha convertido en energía radiante, en fotones de alta frecuencia. Así, si un solo gramo de materia se topara con otro gramo de antimateria se liberaría una energía igual a algo más de 43 kilotones, es decir, algo así como las generadas por tres bombas de Hiroshima, e igual a la energía necesaria para impulsar 1.000 lanzaderas espaciales como las que se utilizan en la actualidad.

Así las cosas, parece que tenemos resuelto el problema de la propulsión espacial. No hay más que coger antimateria y utilizarla de forma adecuada. ¡Elemental, querido Watson! Sin embargo, como científico, siempre tengo que hacer de abogado del diablo y no me queda más remedio que poner pegas. Y esta vez, como casi siempre, son gordas. Pero, para no decepcionaros, os dejaré una puerta abierta a la salvación de las llamas del infierno.

Veamos..., la antimateria tiene tres problemas serios: el primero es que debemos ser capaces de producirla, ya que, hasta hace unos años, la única de que disponíamos era la que estaba presente en los rayos cósmicos y que, de vez en cuando, se dignaba a aparecer en nuestras cámaras detectoras; el segundo consiste en ser capaces de transportarla y de confinarla de forma adecuada para que no se aniquile con la materia ordinaria en un momento no deseado; por úl-

Startk Trek. Las teorías de Albert Einstein constribuyeron al desarrollo de la antimateria, la sustancia de la que se nutren los motores warp de la nave *Enterprise.*

timo, es imprescindible canalizarla en la dirección precisa para conseguir el máximo impulso. Dicho de otra forma, si se generaran fotones de rayos gamma, pero se dirigieran en una dirección equivocada (por ejemplo, hacia el interior del cohete), no servirían de mucho, aparte del enorme daño que podrían provocar debido a su enorme poder de penetración. Esta dificultad fue precisamente la que hizo inútil uno de los primeros diseños teóricos de cohete espacial propulsado por antimateria, debido a Eugen Sänger, allá por la década de los años 50 del siglo pasado. Su cohete de fotones utilizaba como propulsión los rayos gamma producidos por la aniquilación mutua de pares de electrones y positrones. Como los fotones no poseen carga eléctrica, resultaba del todo imposible dirigirlos en la dirección deseada mediante el empleo de campos eléctricos y magnéticos. La solución podría venir por el lado de los antiprotones, ya que cuando estos colisionan con protones se liberan unas partículas llamadas piones (mesones pi), las cuales pueden tener carga eléctrica no nula y, por tanto, pueden ser manipuladas. Podrían, así, diseñarse naves capaces, en teoría, de alcanzar velocidades del orden del 94 % de la velocidad de la luz.

El doctor Robert L. Forward, científico y famosísimo escritor de ciencia ficción (es autor de clásicos del género como *Huevo de dragón, El mundo de Roche* y *Camelot 30K*) nos ha dejado estimaciones de las necesidades de combustible que necesitaría una nave no tripulada con una masa estimada de una tonelada para desplazarse a unos vertiginosos 30.000 km/s. Apenas requeriría 4 toneladas de hidrógeno líquido, junto con unos 20 kg de antimateria. Si pretendiese doblar su velocidad, la antimateria aumentaría hasta los 80 kg. Finalmente, en caso de que la nave pretendiese hacer el viaje de vuelta, las necesidades de hidrógeno líquido aumentarían hasta las 24 toneladas y las de antimateria hasta los 380 kg (datos extraídos del libro *Centauri Dreams*, de Paul Gilster, 2004) Esto parece tener buena pinta. Con unos kilillos de antimateria, todo solucionado ¿Veis un rayito de esperanza? ¿Os imagináis ya a bordo de vuestra *Enterprise* particular viajando a los confines del espacio intergaláctico? Pues enseguida os chafo todas vuestras esperanzas e ilusiones. Tranquilos...

5. La antimateria
tenía un precio

La imaginación es más importante que el conocimiento.

Albert Einstein

En el capítulo anterior, os dejaba con la esperanza vana de poder viajar a los confines del universo mediante el empleo de un sistema de propulsión basado en la antimateria. Una primera aproximación había sido el cohete de fotones de Sänger, pero la indecente costumbre que tienen los fotones de no poseer carga eléctrica le había impedido a este pobre hombre llevar a cabo un diseño exitoso. En todo caso, ésa no es la única dificultad a la que debería de enfrentarse si pretendiese realmente llegar a subir en su prototipo. No sólo se habría encontrado con el inconveniente de la canalización de los fotones. La cosa es aún bastante peor. Antes de dirigir los rayos gamma por el buen camino, esto es, hacia el exterior de la nave para que el momento lineal que se lleven consigo le sea transferido al cohete, nuestro ingeniero de diseño debería haber podido confinar las antipartículas (positrones, en este caso). Más aún, para mantener bien encerrada la antimateria es absolutamente imprescindible disponer de ella en la cantidad necesaria (recordad los cálculos estimativos del doctor Forward, que predecían decenas de kilogramos). Ahora bien, ¿cómo de cerca estamos de poder conseguir estos logros? ¿Disponemos en estos momentos de suficiente antimateria? ¿Somos capaces de confinarla y mantenerla alejada de la materia ordinaria para que no se peleen? Me dirijo ya, raudo y veloz cual felino intrépido, a responder éstas y otras cuestiones que a buen seguro os están atormentando y os han preocupado desde el inicio de este capítulo.

La primera sorpresa que se puede uno llevar cuando observa el universo que nos rodea es la aparente ausencia de antimateria. Todo lo que vemos y experimentamos está formado de materia vulgar, ordinaria, de la de andar por casa: electrones, protones y neutrones, básicamente. No resulta nada sencillo encontrar una antipartícula, a no ser que se tenga algo de suerte y se disponga del instrumental adecuado. Aunque pueda parecernos triste y desilusionante respecto a nuestros anhelos de viajar a las galaxias más lejanas, puede que eso no sea tan malo, ya que si la antimateria abundase seríamos testigos de continuas ráfagas de radiación gamma generadas por la aniquilación de las antipartículas con las partículas ordinarias. Es justamente la no presencia de estos destellos fotónicos lo que puede constituir una prueba más evidente de la ausencia de antimateria. ¿Por qué esto es así? ¿Cuál es la razón de que la materia triunfe sobre su «alter ego anti»? El modelo estándar presupone que el universo debe ser simétrico. Esto significa que, justo después del Big Bang, debieron crearse iguales cantidades de partículas que de antipartículas. Y si fue así, ¿por qué no se aniquilaron y el universo primigenio desapareció justo nada más comenzar su existencia? Evidentemente, algo debió de suceder para que estemos aquí y ahora haciéndonos semejante pregunta. ¿Qué fue lo que aconteció que hizo que la materia permaneciese y su opuesta compañera se desvaneciese en la nada?

A lo largo de la historia reciente de la física se han propuesto distintas soluciones a la cuestión anterior. En los años 60 del siglo xx, el físico

Vista aérea del CERN (Centre Européenne pour la Recherche Nucléaire).
Señalado en la imagen el anillo de 27 kilómetros que conforma el LHC,
el acelerador de partículas más grande del mundo.

ruso y premio Nobel de la paz Andrei Sakharov sugirió la posibilidad de que la materia y la antimateria presenten comportamientos ligeramente diferentes, es decir, que exista una cierta falta de simetría en su forma de actuar. Esta diferencia en el comportamiento se podría poner en evidencia mediante lo que se denominó la violación CP (carga y paridad). Existían ciertas pruebas que parecían evidenciar que la carga-paridad no se conservaba en ciertas situaciones. La primera prueba de la violación CP se obtuvo en el año 1964, cuando se observó en unas partículas llamadas mesones k (kaones), las cuales se desintegraban dando lugar a dos mesones pi (piones). Más recientemente, se han encontrado nuevas evidencias de la violación de la simetría CP (véanse las referencias bibliográficas al final del libro). Sakharov creía que este esquivo fenómeno había tenido como consecuencia el hecho de que, tras el Big Bang, había tenido lugar la formación de una partícula de materia en exceso por cada mil millones de antipartículas (1.000.000.001 frente a 1.000.000.000). Esta ínfima diferencia habría dado lugar al universo que hoy observamos. Pero, como siempre ocurre en cuestiones de ciencia (y es muy bueno que así sea), existen opiniones contrarias. Por un lado, algunos cosmólogos creen que podrían existir galaxias enteras de antipartículas. Allá por el año 1956, el doctor Maurice Goldhaber, físico en el Brookhaven National Laboratory, sugirió que quizá la antimateria hubiese formado un universo aparte del nuestro. Proponía que, originalmente, existía una especie de partícula inestable gigantesca a la que llamaba «universon». En un cierto momento, al principio del tiempo, esta partícula se había dividido en un «cosmon», con carga eléctrica positiva, y un «anticosmon», eléctricamente negativo. La energía liberada en la separación había alejado mutuamente el cosmon del anticosmon a velocidades inimaginables. Mientras que el primero se convirtió en el universo que conocemos, el segundo puede no haber decaído aún ya que, afirmaba Goldhaber, el decaimiento espontáneo es un proceso estadístico. Si esto ocurriese, podría haber dado lugar a un antiuniverso. De esta forma, un antinucleón que fuese lanzado con suficiente velocidad podría alcanzar nuestro Cosmos, aniquilarse con algún otro nucleón y haber dado lugar a una distribución no esférica de materia en nuestro universo. Por otro lado, muchos astrofísicos no están de acuerdo con estas ideas. El argumento esgrimido se basa en que el espacio exterior no está vacío y, en consecuencia, las hipotéticas galaxias de antimateria deberían, de cuando en cuando, sufrir colisiones con nubes de gas y polvo interestelares provocando tremendos chorros de rayos gamma muy energéticos y que, en teoría, deberíamos ser capaces de detectar en la Tierra. Finalmente, existen otros partidarios de una hipótesis intermedia entre las dos anteriores. Algunos científicos piensan que la antimateria

En el centro de nuestra galaxia parece haber antimateria, la cual provocaría una gran nube de rayos gamma al colisionar con la materia normal.

existe, pero nuestras técnicas no están suficientemente avanzadas como para detectarla.

A la vista de todo lo expuesto en los párrafos anteriores, la única conclusión práctica que podemos extraer es que, si verdaderamente pretendemos utilizar la antimateria como combustible para una nave interestelar, tenemos dos opciones: la primera de ellas consiste en dirigirnos (¿a bordo de qué y con qué combustible?) hacia el centro de nuestra propia galaxia, donde parece haber una fuente abundante de la misma o capturarla, de alguna manera, a partir de las llamaradas solares (la NASA informó que, en el año 2002, una de estas llamaradas había producido alrededor de medio kilogramo de antipartículas); la segunda posibilidad no es otra que producirla nosotros mismos. Actualmente, esto sólo es posible en las grandes instalaciones dedicadas a la investigación de partículas, como el CERN (Centre Européenne pour la Recherche Nucléaire), en Suiza, o el Fermilab, en Estados Unidos. En estos centros se hace uso de las antipartículas con el fin de estudiar y escudriñar el interior más íntimo de nuestro universo. Haciendo incidir partículas tales como los protones a altísimas velocidades contra un blanco, que suele ser un metal, se pueden producir antiprotones en una proporción de uno de estos últimos por cada millón de los primeros. Una vez obtenida, la antimateria se confina con ayuda de las denominadas trampas de Penning, las cuales consisten en una serie de campos eléctricos y magnéticos combinados que mantienen separada la antimateria de las paredes del contenedor en el que se encuentra.

Y, así, de esta manera, poco a poco, he ido delimitando el problema al que nos debemos enfrentar para construir una *Enterprise* medio decente. Parece ya claro que la única opción viable es coger el manual de «Hágalo usted mismo» y poner manos a la obra.

6. Hasta que llegó su hora

Lo importante es no cesar de hacerse preguntas.

Albert Einstein

Una vez descartadas las opciones tanto de atrapar las antipartículas procedentes de las ardorosas llamas solares como de darse un garbeo por las cercanías del centro galáctico, donde quizá la proximidad de un agujero negro podría abastecernos del anticombustible necesario para nuestro periplo interestelar, no nos queda otra opción que generarlo por nuestros propios medios y, como os decía anteriormente, eso tiene que hacerse necesariamente en las grandes instalaciones como el CERN o el Fermilab. Por descontado, olvido citar adrede una tercera posibilidad, a saber, el abastecimiento a partir de un hipotético universo de antimateria, como puede ser el mundo de Qward, donde fue desterrado uno de los supervillanos más célebres del universo DC, Siniestro, enemigo mortal de los llamados Linterna Verde.* Incluso se nos podría ocurrir una hipotética posibilidad referente a la obtención de positrones mediante aprovechamiento de la desintegración de los isótopos del carbono (C^{11}) o del flúor (F^{18}). Sin embargo, tampoco parece demasiado afortunada, ya que, en primer lugar, es necesario producir estos isótopos (no se encuentran de forma natural) y, en segundo lugar, la cantidad de antipartículas de la que podríamos disponer sería ridículamente pequeña (de ahí que únicamente se utilicen en aplicaciones con fines médicos, como puede ser la técnica de tomografía por emisión de positrones).

Siguiendo con el asunto que me ocupa, ya os había comentado que son varios obstáculos los que se tienen que superar si se pretende diseñar una nave útil y práctica. Si no menciono de momento la cuestión

---

* Linterna Verde es un nombre genérico que alude a diversos superhéroes de las clásicas historietas gráficas de DC Comics.

Linterna Verde. Así son llamados
algunos superhéroes de DC Comics,
creados por Martin Nodell
y Bill Finger en el año 1940.

que tiene que ver con la generación de antipartículas, que trataré a continuación, y me centro únicamente en el asunto del confinamiento, tendré que decir que éste tampoco resulta sencillo, ya que las trampas de Penning tienen dos serios inconvenientes: su enorme tamaño y su peso. Para que os hagáis una idea, una de estas trampas, la Mark I, que se encuentra en la universidad estadounidense de Penn State posee un peso aproximado de 100 kilogramos y es capaz de almacenar unos 10.000 millones de antiprotones por un tiempo no superior a una semana. Muy cortito se nos iba a hacer el viaje, pues al cabo de ese tiempo, nuestro maravilloso anticombustible se autodestruiría, obsequiándonos con una vivificante ducha de fotones de radiación gamma deliciosamente penetrantes y altamente cancerígenos (siempre que no reaccionásemos de alguna fosforescente forma, como Bruce «Hulk» Banner). Actualmente, se trabaja con denuedo para intentar conseguir reducir el volumen de las trampas de Penning, así como para prolongar el plazo de confinamiento. Tened fe, queridos y apasionados lectores. Esta batalla la ganaremos.

El segundo obstáculo, desafortunadamente, es mucho más difícil de superar. Con toda la tristeza de mi apesadumbrado corazón, tengo que deciros que producir antimateria en los grandes aceleradores, aunque no resulta excesivamente complicado con nuestro nivel tecnológico actual, resulta ser un mal negocio, pues la rentabilidad del proceso es bajísima. Con esto quiero decir que la energía que se gasta para producirla no es muy inferior a la que se podría obtener de ella. Y, como cuando las cosas pueden ir a peor, efectivamente lo hacen, aquí va otro

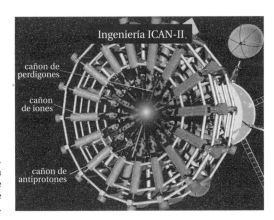

Ingeniería ICAN-II

cañon de
perdigones

cañon
de iones

cañon de
antiprotones

ICAN II.
Esquema que muestra
el funcionamiento de
los propulsores de
esta nave estelar.

contratiempo de lo peorcito. Hoy en día, la producción de antiprotones en el CERN no supera los 10 millones por segundo. Estaréis tentados, a buen seguro, de afirmar que esta cantidad es impresionante. Sin embargo, si os detenéis por un instante a reflexionar y hacéis unas cuentas, enseguida llegaréis a la conclusión de que la producción anual de antiprotones ronda, aproximadamente, el medio nanogramo. Si aun así no os queda claro, lo diré de otra manera: para llegar a disponer de un triste gramo de antimateria necesitaríamos 2.000 millones de años, y para fabricar tan sólo 7 gramos de antiprotones, la edad del universo. Más aún, la energía que podríamos sacar de ese medio nanogramo anual daría únicamente para mantener encendida una bombilla de 100 watts durante 7 minutos y medio. Como suele decirse, «apaga y vámonos...». ¡Menudo chasco!

Parece, entonces, que todos nuestros intentos, una vez más, serán baldíos. ¿Cómo superar los inconvenientes anteriores? ¿Hay esperanzas para un futuro no demasiado lejano o debemos desistir? Afortunadamente, el espíritu humano persevera y no son pocas las ideas y los diseños que se han propuesto y se propondrán en los años venideros. Tal y como cuenta Paul Gilster en su estupendo libro *Centauri Dreams*, un equipo de científicos de la universidad de Penn State (una de las instituciones punteras en este campo, de ahí que aparezca continuamente en los trabajos sobre antimateria) formado por Gerald A. Smith, Steven D. Howe, Raymond A. Lewis y Kirby Meyer ha participado en el diseño de la AIMStar (Nave Estelar propulsada por Microfusión Iniciada por Antimateria). Como su propio nombre indica, no se trata de una nave propulsada por antimateria propiamente dicha, sino que ésta solamente induce una reacción de fusión nuclear, que es la que realmente propulsa el ingenio espacial, con lo cual se requieren cantidades muy pequeñas de antipartículas. El objetivo de la AIMStar consistiría en enviar una sonda de unos 100 kilogramos hasta la nube de Oort, una región en los confines de nuestro sistema solar (la distancia estimada es de unas 10.000 UA), donde al parecer se forman los cometas que nos visitan de cuando en cuando. Con una cantidad de antimateria de unas pocas decenas de miligramos (recordad que aún estamos muy lejos de este logro), la AIMStar podría ser capaz de expulsar por las toberas el propelente a una velocidad aproximada equivalente a la tercera parte de la velocidad de la luz. Con ello, la nave se desplazaría a una velocidad de crucero de algo menos de 1.000 km/s, alcanzando su destino en 50 años. Vamos mejorando...

Asimismo, existen otros diseños que podrían ser utilizados como paso previo a sistemas como la AIMStar. Entre ellos, destaca el ICAN-II, que haría uso de unos 200.000 perdigones compuestos por uranio e hidrógeno líquido, de 170 gramos cada uno. Empleando antiprotones para provocar una reacción nuclear, sería posible detonar los perdigones a un ritmo aproximado de uno cada segundo, lo cual haría posible que la nave pudiese tener un peso de hasta 800 toneladas y transportar una enorme cantidad de instrumental científico, además de una numerosa tripulación.

No quiero finalizar este capítulo sin dejaros un resquicio para vuestra esperanza de conquista del universo. Las andanzas de la raza humana por el sendero de la antimateria no han hecho más que comenzar. Tened en cuenta que la primera vez que se produjeron antiátomos en el CERN (de antihidrógeno, para ser precisos) fue en 1996. Y que en 2007, once años después, se consiguió fabricar una molécula (el dipositronio) formada por materia y antimateria, simultáneamente. Quién sabe si, en un futuro, estas moléculas nos podrían proporcionar un combustible bueno, bonito y barato. Como afirma el profesor Lawrence M. Krauss en su libro *Beyond Star Trek*, quizá la idea de los ingenieros diseñadores de la *Enterprise* de utilizar antimateria para alcanzar las «velocidades warp» en forma de antiátomos de deuterio (eléctricamente neutros) en lugar de antipartículas cargadas eléctricamente (como antiprotones, por ejemplo) no resulte demasiado descabellada, ya que parece la forma más adecuada e inteligente de almacenar grandes cantidades, en caso de que fuesen precisas. De no ser así, es casi seguro que el exceso de cargas eléctricas generaría una fuerza de repulsión insostenible entre las mismas. Para demostrar esta afirmación, el doctor Krauss ha estimado que si la Tierra contuviese un solo electrón en exceso por cada 5.000 millones de toneladas de materia, la fuerza eléctrica de repulsión sobre ese electrón situado sobre la superficie terrestre equilibraría justamente la fuerza gravitatoria. Una proporción ligeramente mayor haría, nada menos, que se desintegrase nuestro planeta. ¿No sentís una escalofriante sensación de vacío ante semejante casualidad? ¿Por qué la razón entre electrones y materia es la que es y no otra? ¿No será todo ello una prueba de la existencia de una Inteligencia sobrenatural que ha puesto esa proporción tan precisa en nuestro miserable universo de materia? Quién sabe...

7. Descompresión y al vacío lo que es del vacío

Hay un libro abierto siempre para todos los ojos: la naturaleza.

Jean-Jacques Rousseau

¿Por qué los astronautas llevan trajes espaciales y cuál es el cometido de los mismos? ¿No podrían pasear por el exterior de su nave ataviados de una forma algo menos aparente y más cómoda? ¿Por qué cuesta tanto dinero uno de estos trajes? Detrás de cuestiones como éstas se encuentra el asunto del comportamiento del cuerpo humano en condiciones de exposición al vacío del espacio exterior. Y quiero recalcar lo de «humano», porque ya os podéis imaginar que la cosa no es aplicable a tipos como nuestro querido y siempre admirado Superman, que está más que harto de volar en ausencia de atmósfera o similar sin apenas inmutarse y manteniendo una sonrisa de lo más seductora, pues para eso es un superhéroe procedente del lejano mundo de Krypton.

El tema de la exposición al vacío aparece en una gran cantidad de películas, novelas, cómics, series de televisión y hasta en la poesía. En *El imperio contraataca* (*Star Wars Episode V: The Empire Strikes Back*, 1980), el *Halcón Milenario* del egocéntrico contrabandista espacial Han Solo se detiene en un asteroide para evitar ser localizado por las tropas imperiales. Sus protagonistas se bajan de la nave y caminan por la inestable superficie equipados con, únicamente, lo que parece una simple máscara de oxígeno. En *2001, una odisea del espacio* (*2001: A Space Odissey*, 1968), el astronauta Dave Bowman queda expuesto al vacío durante unos pocos segundos cuando regresa a la nave *Discovery*, tras ser saboteada por el ordenador de a bordo, HAL 9000. Mucho más espectaculares y sanguinolentas parecen las imágenes de descompresiones súbitas que sufren los trabajadores de las prospecciones mineras en *Atmósfera cero* (*Outland*, 1981) o los «ojitos saltones» de Douglas Quaid (Arnold Schwarzenegger) en *Desafío total* (*Total Recall*,

La exposición al vacío espacial sin protecciones conlleva trágicas
consecuencias para el ser humano.

1990), mientras se da un agradable garbeo por la rojiza superficie de
nuestro vecino Marte. Finalmente, en la deslumbrante película de ani-
mación *Titán A. E.* (*Titan A. E.*, 2000), dos de los protagonistas, Cale y
Korso, se autopropulsan por el espacio en ausencia de traje espacial alguno mediante un extintor de incendios tras abandonar su nave ave-
riada debido a uno de sus enfrentamientos con la raza invasora de los
drej. Durante el viajecito, Korso le indica a su compañero que expulse
todo el aire contenido en sus pulmones. ¿Son todas estas escenas fieles reflejos de lo que ocurriría en la realidad si un cuerpo humano su-
friese una repentina exposición al vacío espacial? Pues la verdad es que
tengo que deciros que hay de todo, como en botica. Los terribles efectos se pueden encontrar en la segunda edición del *Bioastronautics
Data Book NASA SP-3006*, tal y como afirma el profesor Geoffrey A.
Landis. Desgraciadamente, la consciencia solamente se podría mantener durante unos 10 segundos para una persona bien entrenada, como
un astronauta (en realidad, podría ser bastante inferior para una persona no entrenada, ya que debido al susto y el subidón de adrenalina
que se producirían, el oxígeno se quemaría a un ritmo muy superior).
Rápidamente, surgirían parálisis y convulsiones por todo el cuerpo; se
formaría vapor de agua en los tejidos más blandos, lo que provocaría
una hinchazón del cuerpo hasta duplicarse su volumen (siempre que

Desafío total. Fotograma que exagera dramáticamente las consecuencias en el cuerpo humano de la exposición al vacio cósmico sin el uso de la equipación debida.

no se emplee un traje espacial). La presión en las arterias disminuye, mientras que en las venas aumenta hasta igualar e incluso superar a la primera. El resultado es que la sangre deja de circular. Debido a que el gas y el vapor de agua fluyen hacia el exterior del cuerpo, la evaporación enfría muy rápidamente la boca y la nariz, conduciéndolas a la congelación. La solución que Korso propone a Cale en *Titán A. E.* parece estar parcialmente justificada, porque lo opuesto, es decir, mantener la respiración, sería fatal. La causa es que el tejido pulmonar es extremadamente delicado y si el aire presurizado se mantuviese en su interior, la diferencia de presión con respecto al exterior (el vacío, donde la presión es nula) haría reventar literalmente los pulmones, como un globo cuando se pincha. De ahí que a este fenómeno se le conozca como descompresión explosiva. Sin embargo, de esto a lo que se muestra en *Atmósfera cero* o *Desafío total*, hay bastante distancia, resultando del todo irreal. Los efectos reales son bastante desagradables como para pintarlos aún peor sin ninguna necesidad.

Suele haber también la creencia de que la sangre llega a hervir. Nada más lejos de la realidad. Esto resulta muy sencillo de entender por lo siguiente: si os tomáis la tensión en casa o en una farmacia, comprobaréis que unos valores bastante típicos suelen ser «120 de máxima y 75 de mínima». ¿Qué significa esto? Pues que vuestra presión arterial durante el movimiento sistólico del corazón es 120 mm de Hg superior a la presión exterior, mientras que durante el movimiento diastólico solamente es superior en 75 mm de Hg. Para que hirviese la sangre, su punto de ebullición debería estar por debajo de la temperatura del cuerpo humano (unos 37 ºC). Sin embargo, el punto de ebullición de un líquido depende de la presión. Ésta es la razón por la que utilizamos ollas a presión para cocinar los alimentos, ya que en su interior se produce la ebullición del agua a una temperatura muy por encima de su punto de fusión normal, que es de 100 ºC, y la comida se encuentra lista en menos tiempo. Lo anterior también explica que si un alpinista quisiese cocer un huevo en la cumbre del Everest solamente necesitase elevar la temperatura del agua hasta los 71 ºC, debido a la disminución de la presión atmosférica con la altura. Hecho este inciso y volviendo al tema que me ocupa, si la presión exterior cae a cero durante una exposición al vacío, la temperatura de ebullición más baja posible de la sangre se daría a una presión de 75 mm de Hg (que es la mínima en nuestro cuerpo) y resulta ser de unos 46 ºC, es decir, nueve grados por encima de la temperatura corporal.

A la vista de todo lo anterior, no parece haber muchas esperanzas de sobrevivir a un accidente de exposición al vacío. Sin embargo, esto no es así. Tal y como cuenta el profesor Landis, existen casos documentados de personas expuestas al vacío que lograron superar el mal trago. Así, en 1960, Joe Kittinger Jr. tuvo un accidente durante una ascensión en globo y el posterior salto en paracaídas desde casi 31 km de altura. Se produjo una fuga en uno de sus guantes. Sufrió un dolor intensísimo y su mano quedó inservible. Pero, al llegar a tierra, logró recuperarse totalmente al cabo de unas tres horas. Seis años después, un técnico de la NASA conseguía también recuperarse tras perder la consciencia en menos de 15 segundos al llevar a cabo un ejercicio de simulación con un traje espacial. La exposición sólo había durado medio minuto escasamente. Igualmente, se ha documentado el caso de un astronauta a quien se le abrió un agujero de 3 mm en uno de sus guantes al pincharse accidentalmente con una barra metálica. Debido a una increíble casualidad, la piel de la mano selló el orificio y, al sangrar en el espacio, la sangre se coaguló y retuvo la barra dentro del agujero. Finalmente, en 1971, menos suerte tuvieron los tripulantes a bordo de la *Soyuz 11* cuando se produjo una fuga de aire en la cápsula, lo cual provocó la muerte de los tres tripulantes en menos de un minuto debido a que no llevaban trajes espaciales..., y todo ello por querer aprovechar al máximo el espacio disponible en el interior de la nave. Existe una aproximación, debida al profesor Andrew J. Higgins, para determinar el tiempo que tardaría una nave espacial en perder presión debido a un orificio o agujero en algún lugar de la misma. Os resumo brevemente en qué consiste. Lo primero que hay que hacer es suponer una velocidad de salida del aire por el orificio. En este caso, lo más simple es asumir que esta velocidad es justamente la del sonido. Después de unos cuantos detalles que no voy a comentar, se puede demostrar que

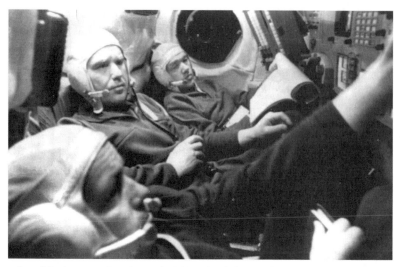

Con el fin de aprovechar el espacio del interior de la cápsula *Soyuz 11*, los tripulantes no llevaban trajes espaciales. A consecuencia de ello, los tres integrantes del transbordador perdieron la vida tras una fuga de aire.

el tiempo que emplearía el interior de la nave en despresurizarse desde un valor inicial hasta otro final, ambos fijados, aumenta con el valor del volumen de aire disponible y con el valor de la presión inicial, mientras que disminuye con valores más grandes del área del agujero (es decir, con el cuadrado de su diámetro) y de la presión final alcanzada, así como con la mayor temperatura de la nave espacial. Por poner unos números al asunto, imaginemos que disponemos de un habitáculo de unos 30 metros cúbicos (aproximadamente, el cuarto en el que me encuentro ahora mismo) en el vacío del espacio exterior, como le ocurre al clon de la intrépida teniente Ripley en *Alien resurrección* (*Alien: Resurrection*, 1997), y que se abre un pequeño orificio de algo menos de 2 cm de diámetro en una de las ventanas. Si la nave se encuentra a 25 ºC y la presión del aire interior es de una atmósfera, el tiempo que tardaría en caer hasta la mitad de este valor (cuando la presión disminuye hasta este valor, el individuo entra en un estado de hipoxia crítica) sería de algo menos de 6 minutos. Evidentemente, dentro de una cápsula espacial actual existe un volumen de aire mucho más pequeño, lo cual explicaría la rápida muerte por asfixia de los tres cosmonautas de la *Soyuz 11*.

8. Veo, veo

La teoría es asesinada, tarde o temprano, por la experiencia.

Albert Einstein

Uno de los sueños del ser humano ha sido, desde siempre, la capacidad para ver sin ser visto, es decir, la invisibilidad. Cerrad los ojos por un momento y pensad en lo que haríais si fueseis completamente invisibles. Estoy seguro de que a más de uno se le pasaría por la mente alguna idea no demasiado «honrada»; en cambio, otros utilizarían el don para conseguir fines altruistas. De todos modos, no os preocupéis demasiado por el asunto, pues la ciencia actual aún se encuentra demasiado lejos de conseguir un hombre invisible, al menos tal y como se refleja en el cine y en la literatura de ciencia ficción.

Probablemente el primer hombre invisible de la historia haya sido el doctor Griffin, personaje creado por el prolífico H. G. Wells allá por el año 1896. Desde entonces, se ha llevado al cine el personaje en multitud de ocasiones. Podemos citar el clásico de James Whale *El hombre invisible* (*The Invisible Man*, 1933), al que seguirían una larga serie de secuelas, unas mejor que otras, pero que nunca dejaron la huella de la primera. Más recientemente, el personaje ha vuelto a ser revisado por Paul Verhoeven en su película *El hombre sin sombra* (*The Hollow Man*, 2000) y hasta el mismísimo agente 007 utiliza un coche invisible en su película *Muere otro día* (*Die Another Day*, 2002). En el mundo del cómic, también ha hecho acto de presencia nuestro querido amigo invisible. Así, podemos encontrar a la mujer invisible de *Los Cuatro Fantásticos* (*Fantastic 4*, 2005) o su versión infantil, *Los increíbles* (*The Incredibles*, 2004) y también en *La liga de los hombres extraordinarios* (*The League of Extraordinary Gentlemen*, 2003). Pero, una vez más, vayamos al fundamento científico de la invisibilidad. ¿De qué manera puede volverse invisible un objeto?

El hombre invisible. Fotograma de la película dirigida por James Whale en 1933, cuyo protagonista tiene el don de la invisibilidad.

Para responder esta cuestión es preciso conocer un poco el comportamiento de la luz, pues es ella, con su presencia o ausencia, la responsable de que seamos capaces de ver o de no ver el mundo que nos rodea. Cuando la luz, que es una onda electromagnética, llega a la superficie de separación entre dos medios materiales diferentes, experimenta principalmente dos fenómenos denominados reflexión y refracción. El primero de ellos tiene lugar cuando parte de la luz que incide en el cuerpo sale rebotada hacia el medio del que provenía originalmente; el segundo ocurre cuando el resto de la luz se transmite al interior del segundo medio. Si la luz reflejada por el segundo medio llega a nuestros ojos, lo que hacemos es «ver el objeto» del que proviene la luz. Ahora bien, para que estos dos fenómenos de la reflexión y la refracción ocurran, los medios materiales deben estar caracterizados por índices de refracción diferentes (el índice de refracción es un parámetro característico de cada material y se define como el cociente entre la velocidad de la luz en el vacío y en el propio medio). El índice de refracción es una cantidad siempre mayor que la unidad, ya que la luz siempre se propaga con mayor velocidad en el vacío que en cualquier otra sustancia. Pues bien, lo que hay que conseguir es que el objeto que deseamos hacer invisible no refleje ni refracte la luz que le llega y esto se puede conseguir provocando que su índice de refracción sea idéntico al del medio que le rodea. Lo anterior puede comprobarse con un sencillo experimento que podéis hacer en casa. Coged un vaso lleno de agua e introducid en él un trozo de vidrio incoloro. Como los índices de refracción del agua y el del vidrio son muy parecidos, os parecerá que el vidrio desaparece de vuestra vista, haciéndose literalmente invisible. Sin embargo, hacer lo mismo con un cuerpo cualquiera o, más aún, con un ser humano, parece estar más allá de nuestro alcance científico actual. ¿Cómo hacer que todos los órganos de un mismo cuerpo se comporten de la misma manera desde un punto de vista óptico? ¿Cómo se puede conseguir que la sangre, el estómago, el hígado, el pelo, la piel, tengan todos un índice de refracción igual al del aire, si todos ellos son materiales con diferentes propiedades ópticas? Es más, a fuerza de ser riguroso, el índice de refracción de un medio depende de la longitud de onda de la luz que incide sobre el mismo (la longitud de onda es el parámetro físico que da cuenta del color de la luz); esto significa que el color azul se desvía respecto de su dirección original de forma diferente a como lo hace el color rojo. En la novela de Wells, el protagonista conseguía su objetivo con ayuda de una fórmula química secreta, algo que hoy en día nos resulta de una inocencia casi cómica. En la película de Verhoeven, la invisibilidad también se alcanza gracias a un suero maravilloso de un color amarillo fosforescente que recuerda al líquido reanimador de cadáveres de *Re-Animator* (*Re-Animator*, 1985), la simpática película basada en un relato breve de H. P. Lovecraft titulado «Herbert West, reanimador». Pero estoy empezando a irme por las ramas. Volvamos a lo nuestro. Ignoremos por un momento las dificultades extremas para conseguir que la luz no se refleje ni se refracte y supongamos que lo hemos hecho posible. Ahora, todo nuestro cuerpo presenta un índice de refracción constante e igual al del aire (si queremos ser invisibles en el agua o en cualquier otro medio, deberemos tomar la pócima del frasco correspondiente; leed atentamente las etiquetas). Pero esto incluye a nuestros ojos, los órganos con los que somos capaces de ver. La luz, cuando llega al ojo humano, se refracta en la córnea y en el cristalino, convergiendo sobre la retina, donde se forma la imagen y ésta se transmite mediante el nervio óptico hasta el cerebro. Ahora bien, si la córnea y el cristalino tienen el mismo índice de refracción que el aire, la luz que llega a ellos no podrá refractarse y la imagen no se formará sobre la retina, con lo cual nunca podrá transmitirse hasta el cerebro y, por tanto, éste nunca será capaz de interpretarla. En dos palabras: seremos ciegos.

No sé si después de leer las líneas anteriores estaréis demasiado decepcionados como para continuar. Aunque el precio de la invisibilidad completa es alto, siempre hay algún resquicio para la esperanza. Así, investigadores de la universidad de Pennsylvania han desarrollado un recubrimiento que puede hacer prácticamente invisibles los objetos. Este recubrimiento tiene la propiedad de transportar unas ondas llamadas

Depredador, dirigida por John McTiernan en 1987. La criatura alienígena de esta película goza de la capacidad de volverse invisible. Para localizarla, es preciso utilizar un sistema de visión térmico o infrarrojo.

plasmones, las cuales son capaces de canalizar la luz incidente sobre el objeto y volver a reemitirla posteriormente, de forma que todo sucede como si la luz hubiese atravesado el objeto y los cuerpos que estuviesen situados detrás del mismo aparecen frente a él, haciéndole parecer transparente o, lo que es lo mismo, invisible a todos los efectos. Sin embargo, hay una pega. La longitud de onda utilizada debe ser de un tamaño similar al objeto que queremos hacer invisible. Debido a la pequeña longitud de onda de la luz visible, los objetos impregnados con el don de la invisibilidad han de ser extraordinariamente pequeños. ¿A quién le amarga un nanorobot invisible? Más recientemente, se han empleado unos materiales ópticos especialmente diseñados denominados «metamateriales», entre cuyas ventajas se encuentra la capacidad para desviar la radiación electromagnética (como la luz, por ejemplo) y hacer que los objetos parezcan invisibles. Según afirman sus inventores, un grupo del departamento de física del laboratorio Blackett, en Londres, junto con otros de la universidad de Duke, en Durham, se puede conseguir ocultar objetos de tamaños mucho mayores que la longitud de onda empleada, subsanando de esta forma las dificultades de los trabajos previos. Otra forma no menos espectacular de conseguir la invisibilidad es mediante un truco. El grupo de trabajo dirigido por el profesor Susumu Tachi, del laboratorio Tachi, en la universidad de Tokio, ha implementado un dispositivo consistente en una cámara instalada en la espalda que graba la imagen que tenemos detrás de nosotros. Mediante un sistema electrónico, la imagen captada se lleva a un proyector instalado en el pecho, donde es proyectada. De esta manera, lo que tenemos detrás aparece delante y damos la sensación de ser transparentes. Algo es algo. Se piensa que una técnica como ésta podría tener aplicaciones muy importantes, por ejemplo, en cirujía, ya que el médico podría ver el interior del cuerpo humano del paciente a través de sus manos. Igualmente, en el terreno militar, permitiría a los pilotos de los aviones de combate ver a través del fuselaje, al estilo de lo que observa Ellie Arroway mientras viaja hasta la estrella Vega a bordo de una nave «agujero de gusano» en la película *Contact* (*Contact*, 1997).

Una última cosa. Todas las afirmaciones y comentarios anteriores se refieren a la denominada luz visible, pero ésta solamente constituye una parte muy pequeña del espectro electromagnético, es decir, del rango de todas las longitudes de onda que puede tener una onda electromagnética como es la luz. Así, podemos encontrar los rayos gamma, los rayos X, los rayos ultravioleta o los rayos infrarrojos, las ondas de radio, etc. Todos ellos forman parte del espectro electromagnético, aunque nuestros ojos no sean sensibles a esas longitudes de onda. No todos los cuerpos dejan pasar radiación de todas las longitudes de onda, lo cual significa que podríamos tener un cuerpo invisible en el ultravioleta pero no necesariamente en el infrarrojo. Y ahora que digo esto se me viene a la cabeza la película *Depredador* (*Predator*, 1987), donde la criatura alienígena (que, por cierto, tiene la capacidad de volverse invisible a voluntad) persigue por la jungla a uno de nuestros héroes favoritos, Dutch Schaefer (Arnold Schwarzenegger), utilizando para localizarle un sistema de visión térmico o infrarrojo. Sin embargo, éste deja de ser efectivo cuando la acosada presa (dotada de una cierta inteligencia) decide embadurnar su generosa anatomía con lodo bien fresquito, lo que le provoca una sensible disminución de la temperatura. Según la denominada ley de Wien, cualquier objeto, por el simple hecho de encontrarse a una determinada temperatura, emite radiación electromagnética de una cierta longitud de onda que varía justamente en relación inversa con aquélla. Esto tiene como consecuencia que el cuerpo humano (o el de los animales) emita radiación, preferentemente, en el rango infrarrojo, es decir, que el calor que irradia nuestro cuerpo es prácticamente radiación infrarroja. Y esto es un problema añadido si quisiéramos ser invisibles porque, aunque apareciésemos transparentes en el rango visible del espectro, siempre nos podrían detectar con un visor térmico de radiación infrarroja, como de hecho se hace en la película de Verhoeven.

9. Balas hiperveloces

La bala que me ha de matar aún no ha sido fundida.

Napoleón Bonaparte

El agente especial John Kruger, encarnado por el fornido Arnold Schwarzenegger, tiene como misión eliminar los detalles de las vidas de testigos protegidos para proporcionarles nuevas identidades que les hagan poder reiniciar sus vidas sin correr riesgo alguno de sufrir represalias mafiosas. En una de estas misiones debe proteger a una atractiva ejecutiva agresiva, empleada en una compañía que acaba de diseñar un prototipo de rifle de asalto muy especial. Se trata de un arma capaz de disparar proyectiles nada menos que a la velocidad de la luz, unos 300.000 kilómetros por segundo. Tal es el argumento, a grandes rasgos, de la película *Eraser* (*Eraser*, 1996) dirigida por Chuck Russell.

Puede parecer un tanto sorprendente que, con un esbozo de la trama tan parco en palabras, la física tenga tantas cosas que decir al respecto. Efectivamente, suele ser un error muy común entre los guionistas de las películas de ciencia ficción el aventurar cifras que son totalmente ajenas a la realidad, una cuestión que, por otra parte, podría ser fácilmente subsanable con un mínimo asesoramiento científico por parte de cualquier estudiante de los primeros cursos en la universidad. Bien, dicho esto, se puede empezar con el asunto propiamente dicho.

La premisa inicial ya impone, desde el principio, una seria dificultad a la verosimilitud y credibilidad de lo que podamos ver durante el resto del filme. Esta dificultad tiene que ver con la teoría especial de la relatividad, el modelo físico propuesto por Albert Einstein hace ya más de cien años. Uno de los postulados de dicha teoría establece que ningún objeto material, es decir, dotado de masa (como una bala de rifle, por ejemplo), puede superar una cierta velocidad límite bajo ninguna circunstancia. De hecho, ni tan siquiera puede igualarla. Esta velocidad

Eraser. En esta película se hace mención a un rifle de asalto capaz de disparar proyectiles a la velocidad de la luz. El impacto que produciría el propio retroceso del arma hace imposible que alguien sea capaz de resistir tal fuerza.

máxima es, justamente, aquélla con la que se propaga la luz en el vacío. No se conoce hasta hoy ninguna excepción a esta regla. Así pues, únicamente acudiendo a este hecho, la base argumental en la que se sustenta la película se convierte en terreno fangoso. Pero no quiero detenerme aquí, sino que, al contrario, mi propósito no es otro que utilizar todo lo anterior como argumento para que el lector disfrute de las líneas que vienen a continuación. Seré magnánimo, entonces, y les concederé a los guionistas una segunda oportunidad, para lo cual haré la suposición de que, en realidad, la velocidad alcanzada por la munición de este rifle hipermoderno y megasofisticado es nada menos que un generoso noventa por ciento de la velocidad de la luz, o sea, unos 270.000 kilómetros por segundo. Y voy a plantearme, al igual que hacen en la página web de *Insultingly Stupid Movie Physics* (véanse las referencias, al final del libro), el cálculo de la energía cinética que poseería la bala. Sin embargo, introduciré una variación, pues en la web antes mencionada llevan a cabo esta estimación suponiendo que se puede aplicar la expresión clásica. Me detendré en esta cuestión por un momento, antes de seguir. En los cursos elementales de física, los profesores solemos enseñar a nuestros estudiantes que la energía cinética de un objeto cuya masa y velocidad son conocidas puede evaluarse multiplicando la mitad de la primera por el cuadrado de la segunda. Sin embargo, este cálculo, que resulta del todo elemental, carece de validez cuando la velocidad del cuerpo supera el llamado límite de las velocidades relativistas, el cual suele considerarse alrededor de los 30.000 kilómetros por segundo. En este supuesto, debe aplicarse la expresión correspondiente proporcionada por la mecánica de Einstein. La diferencia esencial entre los dos modelos (el clásico y el relativista) radica en que parte de la energía del cuerpo se transforma en masa a medida que la velocidad con la que se desplaza va en aumento. Cuando esta velocidad es inferior a la décima parte de la velocidad de la luz, los dos cálculos coinciden prácticamente. En el caso que pretendo abordar es necesario utilizar las expresiones relativistas. Pues

Un péndulo balístico es un
dispositivo para medir la
velocidad de un proyectil.

bien, basta tomar un valor de la masa de la bala de unos 10 gramos para obtener inmediatamente que la energía cinética que es capaz de adquirir el proyectil ronda los 280 kilotones, esto es, aproximadamente, la energía liberada por unas 20 bombas atómicas como la que los estadounidenses dejaron caer sobre Hiroshima en agosto de 1945. Desde luego, no se observan efectos ni tan siquiera parecidos en ninguna de las escenas de *Eraser*. ¿Quién va a ser lo suficientemente osado como para apretar el gatillo y estar situado en la zona cero de una detonación nuclear?

Otro principio físico básico, la denominada ley de conservación del momento lineal, permite determinar la velocidad con la que debe golpear el rifle sobre el hombro del intrépido y audaz francotirador que se atreva a disparar semejante arma devastadora. Si se acude, de nuevo, a las expresiones relativistas adecuadas tomando como masa del rifle unos 10 kilogramos, se puede llegar a la conclusión de que éste debe atizarle un mamporro a su compañero de viaje a la nada despreciable velocidad de 620 kilómetros por segundo. Para una mente no entrenada en números no parece ser una cifra demasiado espectacular, pero si se expresa en unas unidades más pedestres, resulta ser de 2.232.000 km/h. Si aun así no es suficiente, quizá os impresione comprobar que semejante velocidad es unas 55 veces superior a la denominada velocidad de escape, que es aquélla por encima de la cual es preciso impulsar un objeto para que escape del campo gravitatorio de nuestro planeta. La habilidad del tirador para permanecer en pie resulta más que meritoria, ¿no estáis de acuerdo conmigo?

Un dispositivo que permite conocer la velocidad de las municiones y que resulta de gran utilidad práctica en las pruebas de balística llevadas a cabo en los laboratorios es el péndulo balístico. Éste, en su versión más esquemática, consiste en un bloque macizo de algún material suspendido verticalmente. Al disparar el arma, el proyectil queda incrustado en el bloque, ascendiendo hasta una cierta altura fácilmente medible. Conociendo el valor de ésta, así como las masas del bloque y la bala, se obtiene de forma inmediata la velocidad con la que salió disparada por el arma. Utilizando una persona a modo de supuesto péndulo balístico, suponiéndole una masa de 75 kg y colocándola delante del rifle se vería elevada hasta 65.000 km de altura. Por supuesto, siempre y cuando el cuerpo de la persona/cobaya fuese capaz de resistir el impacto del proyectil hiperveloz. En relación con esto, cabría plantearse la cuestión referente a la manera en la que se comportaría el cuerpo humano al sufrir dicho impacto. A fuerza de ser sincero, tengo que confesar mi más absoluta ignorancia al respecto. He presenciado los efectos devastadores de armas de fuego mucho más reales y modestas sobre incautos seres humanos víctimas de tiroteos y me estremezco sólo de pensarlo. En cambio, puedo intentar verlo desde el otro lado, es decir, desde el punto de vista del proyectil. ¿De qué material podría estar hecho para no fundirse literalmente debido a la fricción experimentada a causa del rozamiento con el aire? Las balas reales alcanzan altas temperaturas debido a este mismo efecto, y eso que únicamente se desplazan, las más veloces, a velocidades de unos pocos miles de metros por segundo. Si suponéis que las balas son, en principio, de naturaleza sólida, jamás podrían sufrir cambios de temperatura superiores a unos 4.500 ºC, pues por encima de este rango no existe ningún material en estado sólido. Así y todo, las sustancias con puntos de fusión (es decir, la temperatura por encima de la cual el sólido se hace líquido) más elevados que hay en la naturaleza son el grafito y el diamante. No quiero imaginarme el libro de cuentas de la compañía fabricante de nuestro estupendo rifle. Incluso en el descabellado supuesto de que alguna hipotética sustancia fuese capaz de constituir las balas hiperveloces, su temperatura ascendería hasta los 900.000 millones de grados centígrados (para llevar a cabo esta estimación he supuesto que esa sustancia posee el calor específico del hidrógeno líquido, el más alto conocido). Estos valores de la temperatura solamente se alcanzan en el interior de las estrellas de neutrones y no están ni tan siquiera cerca del récord absoluto de temperatura más elevada conseguida en un laboratorio, que ostentan Malcolm G. Haines y sus colaboradores. Con ayuda de su máquina Z, fueron capaces de calentar un plasma mediante confinamiento magnético hasta los 2.000 millones de grados centígrados. Sus resultados fueron publicados en *Physical Review Letters*, el 24 de febrero de 2005.

10. Prohibido pisar el acelerador (de partículas)

No es que tenga miedo de morirme.
Es tan sólo que no quiero estar allí cuando suceda.

Woody Allen

Centro de investigación Filadyne, Luxemburgo. En el laboratorio Arquímedes de aceleración de partículas, el profesor Soderstrom está a punto de llevar a cabo un experimento cuyo fin es la búsqueda de una nueva fuente de energía alternativa. Mediante videoconferencia, el director general del proyecto, el maléfico doctor Thomas Abernathy asiste al evento. A pesar de las advertencias que le aconsejan no seguir adelante, decide hacer caso omiso de las mismas. Y ya se sabe, cuando no haces caso a los científicos buenos en las películas, algo grave acaba sucediendo. La prueba acaba de la peor forma posible y fallecen unas cuantas personas, entre ellas el profesor Soderstrom. Ocho años después de la tragedia, en la universidad Norton Fraser, su hija Eva Soderstrom hace uso de sus puntiagudos encantos para conseguir acceder a las nuevas instalaciones Filadyne, gracias a ciertos favores carnales para con Steven Pryce, ingeniero de estructuras en la instalación, aún dirigida por Abernathy. Nuestra heroína no pretende otra cosa que averiguar la causa de la muerte de su padre. Incidentalmente, descubre que la nueva prueba que se pretende llevar a cabo en los laboratorios, conducirá irremediablemente a la creación de un agujero negro que acabará con todo el planeta al ir viajando por su interior hasta las antípodas y volver en un interminable viaje de ida y vuelta, mientras va engullendo materia.

Estas líneas describen el argumento inicial de la película *Experimento mortal* (*The Void*, 2001). Sin embargo, me sirve estupendamente para contaros algunas cosas interesantísimas acerca de la formación de agujeros negros artificiales en el laboratorio, un tema que ha estado

Large Hadron Collider (LHC). Acelerador de partículas dotado de un anillo de
27 kilómetros de circunferencia. Los ingenieros del laboratorio de ciencias
más grande de la historia han de recorrerlo en bicicleta.

y está de actualidad, desde hace unos pocos años y que ha cobrado un
nuevo protagonismo con la finalización de la construcción del LHC
(Large Hadron Collider) en el CERN, un acelerador de partículas dotado de un anillo con 27 km de circunferencia y en el que se harán colisionar protones a velocidades muy cercanas a la de la luz.

A pesar de la mediocridad de la película anteriormente mencionada, tengo que reconocer que la cuestión que plantea no es despreciable en absoluto. Ya en el año 2000, un equipo de físicos, entre los
que se encontraba el premio Nobel de 2004, Frank Wilczek, publicaron
un estudio sobre diversos escenarios catastróficos que podrían tener
lugar en nuestro planeta debido a causas diversas, entre las cuales fi-
guraba la producción de agujeros negros en un acelerador de partículas como el RHIC (Relativistic Heavy Ion Collider), en Estados Unidos.
Más recientemente, Marcus Bleicher, en un artículo publicado en el
European Journal of Physics, analiza la posibilidad de generar micro
agujeros negros en los experimentos que tendrán lugar en los próxi-
mos meses en el LHC del CERN.

Muchos de vosotros ya sabréis que el concepto de agujero negro, tal
y como se conoce en la actualidad, surgió a principios del siglo XX,
cuando Karl Schwarzschild encontró la primera solución exacta de las
ecuaciones de Einstein de la relatividad general, mientras luchaba en
las trincheras del frente ruso durante la I Guerra Mundial (allí mismo
contraería una enfermedad que acabaría con su vida en 1916). De esta

solución surgían de forma natural los agujeros negros. Hoy en día, sabemos que tales soluciones se corresponden con objetos astrofísicos que se producen en las últimas fases de la evolución de las estrellas y también pueden formar parte de los núcleos galácticos con masas de millones de soles. El agujero negro en el centro de la Vía Láctea se puede «observar» (en realidad, se cuantifican sus efectos en el entorno cercano) si se mira en dirección a la constelación de Sagitario. Estos agujeros negros astrofísicos están bastante bien comprendidos. Sin embargo, recientemente, se ha propuesto la existencia de agujeros negros de tamaños microscópicos.

En 1914 Guntar Nordström propuso la generalización de las ecuaciones de Maxwell (las que describen el electromagnetismo) a cinco dimensiones. El propósito era describir de forma conjunta los fenómenos de origen gravitatorio y los de origen electromagnético (esto se llama, en física, unificación de fuerzas). Desgraciadamente, el trabajo de Nordström pasó desapercibido durante cinco largos años, hasta que, en 1919, Theodor Kaluza retomó el tema de forma independiente. Otros siete años después, Oskar Klein generalizaría las ideas de Kaluza, llevándolas al terreno cuántico. Estos modelos predecían que la tal quinta dimensión, en caso de existir, debería tener un tamaño comparable a la longitud de Planck (unas 16 billonésimas de billonésimas de billonésimas de metro). Esto explicaba por qué no se había observado y, lo que era peor, la tremenda dificultad para poder ponerla de manifiesto de forma experimental. Así pues, la idea de otras dimensiones adicionales a las tres ordinarias (longitud, anchura y altura) se abandonó hasta los años 70, cuando surgió la teoría de cuerdas, según la cual, el espacio podría tener hasta siete dimensiones adicionales, pero éstas también serían inobservables a causa de su pequeño tamaño. A finales de los años 90, los profesores Arkani-Hamed, Dvali y Dimopoulos sugirieron la posibilidad de que algunas de esas dimensiones adicionales podrían tener tamaños medibles del orden de centésimas de milímetro. A esto se le llamó el modelo ADD, por las iniciales de los tres científicos. Es justamente esta posibilidad de un tamaño «tan grande» la que hace que el escenario en el que se puedan generar microagujeros negros en un laboratorio cobre vida.

¿Cómo se puede demostrar o poner de manifiesto la existencia de estas dimensiones adicionales grandes? La idea consiste en analizar lo que ocurre cuando indagamos en el interior de la materia, a distancias muy, muy pequeñas, ya que se piensa que en ellas no se cumple la ley de la gravitación de Newton, es decir, la atracción gravitatoria ya no varía con el inverso del cuadrado de la distancia, sino que lo hace de una forma diferente dependiendo del número de dimensiones adicionales que tenga el espacio. Tengo que advertiros que, aunque parezca men-

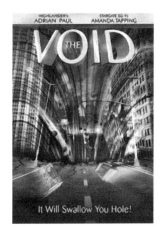

Cártel de la película
The Void, dirigida por
Gilbert M. Shilton en 2001.

tira, la ley de Newton no ha sido comprobada experimentalmente de una forma precisa para distancias inferiores al milímetro. Ahora bien, ¿cómo poner de manifiesto estas dimensiones espaciales que no somos capaces de experimentar debido a su tamaño tan reducido? Pues la forma de hacerlo es utilizando aceleradores de partículas con la energía suficiente. Y aquí es donde entra en escena el LHC. En este enorme anillo, se hacen colisionar haces de protones a velocidades relativistas (cercanas a la de la luz). Cuando esto sucede, las partículas constituyentes de los protones (llamadas quarks y gluones) interaccionan. Si las distancias a las que se acercan estos constituyentes llegan a hacerse suficientemente pequeñas y las energías de las mismas son suficientemente grandes, en teoría, es posible la formación de microagujeros negros. El LHC será capaz de producir haces de protones con energías de 7 TeV (7 billones de electrón-volts), con lo cual, la masa de los agujeros negros creados podría rondar hasta las diez billonésimas de billonésimas de kilogramo. Nada que ver con la masa atribuida por la doctora Soderstrom al horripilante engendro negro que acabará con nuestro planeta y que resulta ser de nada más y nada menos que 3 o 4 gramos.

Supongo que, a estas alturas, os estaréis preguntando si estos agujeros negros pueden ser realmente peligrosos para la vida. Seguid leyendo y quizá conozcáis algo más. Por un lado, resulta que se estima que la producción de agujeros negros que será capaz de proporcionar el LHC rondará los 1.000 millones al año, es decir, casi 10 agujeros negros cada segundo. Por otro lado, está la famosa radiación Hawking, que predice que cuanto más pequeño es un agujero negro, tanto más rápidamente emite radiación y se «volatiliza» dando lugar a un chorro de quarks y gluones. Pero lo más sorprendente viene ahora justamente.

Este chorro de partículas elementales que se genera en la explosión del micro agujero negro no verificaría el principio de conservación del momento lineal ni el de la energía. Para que nos entendamos, pongamos un ejemplo sencillo: sería como si al disparar un arma de fuego, no hubiese retroceso del arma. Y aquí se cierra el círculo, pues ese fallo en las leyes de conservación sería visto por los científicos como una prueba de la existencia de las dimensiones adicionales grandes que tanto se buscan. Es un argumento perfecto: si existen dimensiones adicionales, entonces existen microagujeros negros y si existen microagujeros negros, entonces existen dimensiones adicionales.

En honor a la verdad, también debo decir que aún no está del todo claro si estos hipotéticos agujeros negros diminutos pueden dar lugar a remanentes estables de algún tipo de materia oscura, por ejemplo. Si ésta fuese estable, los microagujeros negros caerían hasta el centro de la Tierra. Una vez allí, la probabilidad de capturar otras partículas es proporcional al volumen del agujero negro. Como son tan pequeños, esta probabilidad es minúsculamente pequeña (pero no nula). Podrían pasar muchos, muchos años hasta que otra partícula fuese devorada por nuestro monstruo interior. Después de todo, hay teorías que estiman una producción de entre un agujero negro al año y uno al día a causa de la colisión entre rayos cósmicos ultra energéticos y núcleos de nuestra atmósfera. Esto hace un total de entre 4.500 millones y 1,6 billones a lo largo de la edad de la Tierra y, sin embargo, no parece haber supuesto amenaza alguna para nuestro mundo.

Aunque también es posible que todos pudiesen estar equivocados, y entonces...

11. ¡Vigilad el cielo!

Tendremos el destino que nos hayamos merecido.

Albert Einstein

En 1998, Michael Bay dirigió la película *Armageddon*, protagonizada por el sudoroso y casi siempre magullado Bruce Willis, así como por uno de los *sex symbols* de los últimos años: Ben Affleck. En esta trepidante cinta, cargada de espectaculares efectos especiales, un asteroide «del tamaño de Texas» está a punto de colisionar con la Tierra. El plan para salvar nuestro planeta consiste en viajar a bordo de una lanzadera espacial, aterrizar sobre la superficie del asteroide y hacer detonar un ingenio nuclear antes de que se alcance el punto de no retorno o *barrera cero*, es decir, antes de que la distancia de la amenazadora roca a nuestro mundo sea demasiado pequeña como para poder desviarla y evitar el impacto. ¿Qué os parece si divagamos un poco sobre la posibilidad de salvarnos de esta amenaza tan peculiar?

En primer lugar, el único dato que nos ofrecen los guionistas acerca del tamaño del asteroide es el que he citado antes, es decir, que es comparable en tamaño al estado norteamericano de Texas. Pues bien, suponiendo (con un poco de imaginación) que Texas es geométricamente un cuadrado y que su extensión es aproximadamente de 691.000 km², esto nos da un valor de 831 km de lado. Pero, claro, un asteroide nunca es plano, sino que tiene tres dimensiones, con lo cual podemos seguir divagando y suponer que su forma es esférica y tiene un radio igual que el lado del cuadrado que acabamos de determinar. A este proceso lo llamamos en física hacer estimaciones o también problema de Fermi. Consiste en resolver un problema del que se conocen insuficientes o ningún dato numérico, estimándolos mediante suposiciones más o menos razonables. Bien, continuamos con esta técnica. Para saber la cantidad de materia que posee el meteoro que nos

Armageddon. Cartel de la película dirigida por Michael Bay en 1998, y protagonizada por Bruce Willis y Ben Affleck.

amenaza, se necesita conocer el valor de su densidad (el cociente entre su masa y su volumen). Aunque ésta dependa de los materiales concretos que constituyen el asteroide, un valor no demasiado descabellado podría ser de unos 2.000 kg/m³, es decir, el doble que la del agua. No os preocupéis por suponer un valor bastante más grande porque, en realidad, esto no es decisivo para lo que pretendemos demostrar. Con estos datos estimativos, se obtiene directamente que la masa del asteroide es de unos 5.000 millones de billones de kilogramos (esto es más o menos la milésima parte de la masa de nuestro planeta).

Si no habéis tenido la oportunidad de visionar la película, os recuerdo que el plan ideado por los expertos de la NASA no es otro que detonar un ingenio nuclear y fragmentar el meteoro en dos trozos que se irán separando paulatinamente, lo suficiente al menos como para evitar su colisión con la Tierra. Para no complicar innecesariamente nuestro análisis, vamos a suponer que los dos fragmentos así generados son idénticos, o sea, cada uno con una masa de 2.500 millones de billones de kilogramos.

La siguiente cuestión es cómo fragmentar el meteoro. En *Armageddon* no se nos proporciona indicio alguno sobre la potencia liberada por el explosivo. ¡Hala, a divagar otra vez! Siendo un tanto audaz, casi que me voy a atrever a decir que la bomba es de 1.200 megatones (megatón arriba megatón abajo, esto son unas 100.000 bombas de Hiroshima). Impresionante, ¿no? En fin, semejante artefacto nos proporciona una energía de unos 5 millones de billones de joules, la unidad de energía que se utiliza en física). Ahora imaginemos que toda esta energía se consume únicamente en proporcionar velocidad (rigurosamente, energía cinética). Dicha suposición la hago únicamente con el sano propósito de ponerme del lado de los guionistas para otorgarles un poco de credibilidad. Tened en cuenta que, en la realidad, una cantidad importante de la energía del artefacto nuclear se gastaría en fragmentar el asteroide y en calor y sonido. En definitiva, cada uno de los dos pedazos de roca se llevaría la mitad de esa energía cinética. Pero todavía les vamos a dar un poco más de coba a los responsables del guión y vamos a imaginar que toda la potencia de la bomba únicamente produce un desplazamiento de las dos mitades del pedrusco original en la dirección perpendicular a la dirección inicial que poseía el asteroide sin fracturar. De esta forma, la separación entre aquéllos será la mayor posible y se alejarán de nosotros cuanto antes.

Con los datos anteriores en nuestro poder, resulta sencillo averiguar la velocidad de cada uno de los dos meteoros y aquí llega la primera sorpresa. La velocidad con la que se separan entre sí es de unos ridículos 9 centímetros por segundo. La segunda sorpresa es una consecuencia directa e inmediata de la primera. Si la barrera cero se encuentra a 4 horas de la colisión con la superficie de la Tierra, en ese tiempo, la distancia que los habrá alejado entre sí será de 1.300 metros (para evitar la colisión deberían de alejarse una distancia mayor que el radio terrestre, de unos 6.400 kilómetros, suponiendo que la dirección original del asteroide apuntase hacia el centro mismo de nuestro planeta). De esquivar la Tierra, nanay. Muy al contrario, los dos fragmentos caerían prácticamente en el mismo lugar. El «día del Juicio Final» ha llegado. Cabe, si acaso, decir que a partir de los datos anteriores, llevar a buen término el plan trazado hubiese requerido fragmentar el asteroide unos 823 días antes (más de dos años), dando tiempo suficiente a los dos fragmentos resultantes a recorrer, como mínimo, distancias iguales al radio de la Tierra.

Ya veis que, incluso siendo generosamente dadivosos con los guionistas del filme, el final de la historia sería muy diferente del que se refleja en la pantalla, donde casi todos regresan victoriosos y como héroes después de salvar de la extinción nuestro pequeño planeta azul.

Sin embargo, no todo es tan negativo. ¿Hasta qué punto sería plausible una solución como la que pretende reflejar *Armageddon*? ¿Tiene algún fundamento la idea de que cuerpos celestes como los asteroides o los cometas puedan acercarse a nosotros de forma amenazadora y provocar la desaparición de la vida, tal y como la conocemos? En caso afirmativo, ¿qué podemos hacer para evitarlo? Veamos, procederé por partes. Desde que se formó el sistema solar, miles de objetos de todos los tamaños y composiciones pululan por el espacio. Actualmente, se encuentran catalogados más de 2.000 asteroides, que se ubican en una región comprendida entre las órbitas de Marte y Júpiter conocida como «cinturón de asteroides». El primero en ser descubierto fue Ceres, en el año 1801, y su avistamiento fue llevado a cabo por el italiano Giuseppe Piazzi. Unos pocos años después, se descubrieron Palas, Juno y Vesta. Hoy sabemos que sus tamaños oscilan entre los 200 y los 900 kilómetros de diámetro, pues son los mayores. Existen otros tipos de objetos que pueden potencialmente amenazarnos, como son los cometas y los escombros cometarios, fragmentos dejados por aquéllos a su paso por las cercanías de algún otro cuerpo celeste y que han sido arrancados del cometa original por simple interacción. Los cometas suelen clasificarse en dos categorías: los que poseen un período corto (aquéllos que nos visitan cada menos de 200 años, como el célebre cometa Halley que lo hace cada 76) parecen proceder del «cinturón de Kuiper», una región situada más allá de la órbita del planeta Neptuno, y los que presentan períodos superiores a 200 años. Éstos tienen su origen en la lejana «nube de Oort», situada a más de cien mil veces la distancia entre la Tierra y el Sol, y debido a su periodicidad tan grande (puede ser de miles de años) son muy difíciles de predecir. Aunque se conoce con bastante exactitud de qué materiales están compuestos tanto los asteroides como los cometas, no sucede lo mismo con sus características estructurales. Esto es de una importancia fundamental si se pretende desviarlos de su posible curso hacia la Tierra o, por el contrario, si lo que se pretende es fragmentarlos e incluso destruirlos. En este sentido, resulta crucial conocer su posible naturaleza porosa, compacta, hueca, etc.

Es tal el miedo que infunde en el corazón humano un potencial impacto de un objeto celeste con la Tierra que los escritores de ciencia ficción han tratado el tema en multitud de relatos y novelas casi desde los mismos albores del género. De entre ellos, quizá el pionero haya sido el relato breve «La estrella» («The star», 1897), del mismísimo H. G. Wells, autor de clásicos imperecederos como *La máquina del tiempo* (*The time machine*, 1895), *La guerra de los mundos* (*The war of the worlds*, 1898), *El hombre invisible* (*The invisible man*, 1897) y *La isla del doctor Moreau* (*The island of Doctor Moreau*, 1896). Otros autores célebres que han tratado el mismo tema en gran cantidad de variantes son Larry Niven y Jerry Pournelle, con *El martillo de Lucifer* (*Lucifer's Hammer*, 1977), donde un cometa impacta con la Tierra; Arthur C. Clarke en *El martillo de Dios* (*The Hammer of God*, 1993), donde se pretende desviar un asteroide mediante un dispositivo denominado «impulsor de masa» y, al fracasar el intento, la fragmentación de aquél provoca que uno de los pedazos lleve la devastación a nuestro planeta; Fritz Leiber, con *El planeta errante* (*The Wanderer*, 1964); y tantos otros que ni siquiera tenemos la suerte de poder encontrarlos traducidos al español.

Actualmente sabemos que eventos como los descritos en las obras antes mencionadas y en otras muchas han tenido lugar realmente en el pasado de la Tierra y en otros planetas o satélites de nuestro propio sistema solar. Hace unos 250 millones de años, un meteoro se precipitó sobre nuestro planeta y provocó la mayor extinción masiva de la que se tiene constancia, acabando con el 70 % de las especies terrestres y un 90 % de las que habitaban en el mar. Casi 200 millones de años después, cuando los dinosaurios dominaban el planeta, una enorme roca de unos 10 kilómetros de diámetro acabó para siempre con ellos, dejando un cráter enorme en Chicxulub, Yucatán. La energía liberada en la explosión fue equivalente a la de tres millones de bombas atómicas como la empleada en Hiroshima en 1945. Más recientemente, el 30 de junio de 1908, una tremenda detonación de unos 10 megatones se pudo escuchar en la región de Tunguska, en los bosques de Siberia. Los movimientos sísmicos que provocó se pudieron registrar a miles de kilómetros y la onda de choque generada recorrió dos veces la Tierra. Debido al polvillo que se esparció por la atmósfera y que dispersaba poderosamente la luz, se pudo leer el periódico por la noche en la ciudad de Londres durante los dos días siguientes. A diferencia del caso de Yucatán mencionado antes, no se encontró nunca (parece ser que hace tan sólo unos días esto podría haber cambiado; ver las referencias, al final del libro) el cráter dejado por la explosión; se propusieron todo tipo de hipótesis para explicar el fenómeno. Entre

El impacto de un asteroide contra la superficie de la Tierra
acarrearía consecuencias nefastas.

Fotograma de la película *Armageddon*, en la que un asteroide del tamaño de Texas está a punto de colisionar con la Tierra. Para evitar el choque se ha de fragmentar el meteorito haciendo detonar un artefacto nuclear.

ellas destacan: la caída de un trozo de antimateria; la colisión con un agujero negro que atravesó la Tierra; e incluso el accidente de una supuesta nave alienígena. Hoy en día, se piensa que pudo tratarse de un fragmento de cometa, algo bastante menos romántico, pero igualmente aterrador. Otros sucesos catastróficos registrados son el evento del Mediterráneo oriental, acaecido el 6 de junio de 2002, que liberó una energía de 26 kilotones (dos bombas atómicas de Hiroshima), o el evento de Vitim, ocurrido también en Siberia, el 25 de septiembre del mismo año. En 1996, un asteroide de medio kilómetro de diámetro se acercó a nosotros a una distancia de poco más de 400.000 km. No obstante, el récord de proximidad lo ostenta una roca de 30 metros que, en marzo de 2004, pasó a menos de 40.000 kilómetros. ¿No sentís escalofríos sólo de leerlo? ¿Qué ocurriría si uno de estos objetos penetrase en nuestra atmósfera y llegase a impactar contra la superficie de nuestro planeta? ¿Podemos estar tranquilos?

De una cosa podemos estar seguros. Si sucesos como los anteriores han ocurrido alguna vez, volverán a suceder tarde o temprano. Así que la moraleja que se puede extraer es que mejor estar preparados. Ante todo hay que saber a qué peligros nos enfrentamos. No siempre se producen, como hemos visto en los párrafos anteriores, catástrofes globales y extinciones masivas. Esto depende de lo que haga el asteroide o similar al entrar en la atmósfera, lo cual tiene que ver, a su vez, con su composición, estructura y tamaño. Los cuerpos más pequeños, con diámetros inferiores a unos 10 metros caen de forma asidua, pero suelen arder y consumirse en el aire a no ser que sean metálicos y se precipiten contra el suelo en forma de meteoritos con los que adornamos luego nuestros museos. Con periodicidades de entre 10 años y unos cuantos siglos nos visitan pedruscos bastante más grandes, de unos 10 a 100 metros de diámetro; también suelen arder o desintegrarse cerca del suelo. Los que presentan tamaños superiores a los 100 metros pero no superiores al kilómetro casi siempre golpean la superficie de la Tierra, dejándonos explosiones equivalentes a miles de bombas atómicas con frecuencias de varios miles de años. Finalmente, muy de cuando en cuando (algún que otro millón de años), la cosa se pone realmente fea y más nos valdría colonizar otros planetas antes de que éste desaparezca. Un asteroide que tuviese unas pocas decenas de kilómetros de diámetro provocaría un evento de extinción global. Se pueden encontrar unas cifras estremecedoras en el estupendo libro de los profesores de la UPC, Manuel Moreno y Jordi José, titulado *De King Kong a Einstein: la física en la ciencia ficción*. Estos autores estiman que si un cometa con una masa de 1.000 billones de kilogramos (notad que éste es 2,5 millones más ligero que el de la película *Armageddon* discutida más arriba) impactase con la Tierra a una velocidad de 45 kilómetros por segundo se produciría un aumento de la temperatura de la atmósfera de unos 190 ºC, la temperatura del mar hasta los 100 metros de profundidad se incrementaría en otros 5 ºC (hay especies marinas que son tremendamente sensibles a los cambios de temperatura), la cantidad de agua que se evaporaría sería de unos 400 billones de toneladas, la cantidad de tierra que saldría eyectada y puesta en órbita sería de 30 billones de toneladas y, finalmente, se producirían medio millón de terremotos de magnitud 9 en la escala de Richter. ¿No resulta preferible haber colonizado otros mundos y ya no estar en éste?

No desesperéis. Puede que aún haya alguna esperanza. En la actualidad, existen seis programas de vigilancia de los denominados NEO (del inglés Near Earth Objects, objetos cercanos a la Tierra). De ellos, cinco se encuentran en territorio de Estados Unidos y el otro en Japón, no habiendo ninguno en todo el hemisferio sur, lo cual dificulta un rastreo exhaustivo del cielo. Estos grupos, que están constituidos en su mayor parte, por astrónomos aficionados, se encargan de determinar las propiedades físicas de los objetos, así como de establecer sus órbitas. Una vez que se ha detectado el cuerpo celeste, se procede a realizar un seguimiento del mismo y se le adjudica un índice de peligro de impacto y daños potenciales que viene dado por un número entero comprendido entre 0 y 10. Esta clasificación recibe el nombre de «escala de Turín» y fue creada por el profesor del MIT (Massachusetts Institute of Technology) Richard P. Binzel en 1995, aunque no fue denominada así hasta cuatro años después, precisamente en una conferencia celebrada en la ciudad italiana de Turín (de ahí su nombre); el nivel 0 corresponde a una probabilidad nula de impacto entre el meteoro y nuestro planeta, mientras que el nivel 10 significa colisión segura y extinción global. En caso de que exista riesgo fundado de colisión se debe proceder a la posible neutralización del cuerpo celeste. Ésta puede consistir en o bien su destrucción, si la composición y el tamaño del asteroide o cometa lo permiten (en este sentido se hace esencial la exploración «in situ», que puede llevarse a cabo mediante sondas enviadas a tal efecto, como ocurrió con las naves Near, en 2001, y Hayabusa, en 2005) o bien en la deflexión, alterando su trayectoria. La primera de ellas tiene el riesgo añadido de la fragmentación, pues convertiría una colisión en muchas. Podéis ver una escena en la que se muestra esto de una forma un tanto inocente en las secuencias finales de la película *Deep impact* (1998). En cuanto a la segunda de las opciones, en ella se incluyen tanto la detonación de ingenios nucleares en las proximidades del cuerpo amenazador, como el despliegue de ingenios tales como velas solares o incluso el conocido «efecto Yarkovsky», el cual produce una aceleración del asteroide como consecuencia del desequilibrio en la radiación térmica emitida por la cara iluminada (por el Sol) y la cara oscura del mismo. Mediante este efecto se han podido determinar recientemente la masa y la densidad de un asteroide a partir de observaciones llevadas a cabo desde la Tierra. Tal y como reza la carátula de la edición especial en DVD de *Deep impact*, LA ESPERANZA PERMANECE.

12. Más vale solo que mal acompañado

Nada es particularmente difícil si se lo divide en pequeñas tareas.

Henry Ford

En el año 1958 se estrenó el ya considerado como clásico del cine de terror *La mosca* (*The fly*), aunque también se le suele incluir en el género de ciencia ficción. Protagonizada por una de las estrellas de la época, el sin par Vincent Price, la película (basada en un relato corto del mismo título de George Langelaan, publicado originalmente en la revista *Playboy*) trata sobre un viejo anhelo de la ciencia especulativa como es el teletransporte, es decir, la capacidad de viajar sin un vehículo, nave o similar. El científico André Delambre trabaja en el diseño y construcción de un dispositivo capaz de teletransportar a una persona, con el altruista fin de acabar con algunos de los grandes problemas que padece la humanidad. Como no podía ser de otra forma, los primeros intentos resultan fallidos al probar con objetos inanimados como un plato de cerámica, en el que aparece una inscripción que resulta quedar invertida (como cuando ponemos un texto frente a un espejo) al ser enviada desde la cápsula emisora hasta la cápsula receptora, situada a varios metros de distancia. Una vez solucionado el problema técnico, Delambre decide ir un paso más allá y pasa a experimentar con seres vivos. La involuntaria cobaya resulta ser el gato de la casa, el cual nunca vuelve a aparecer en la cabina receptora. Para añadirle dramatismo y una pizca de escalofrío a la escena, un espeluznante maullido resuena en el silencio del laboratorio. Algo terrible se presagia. Nuevamente, y gracias al tesón y al pertinaz espíritu científico de André Delambre, los problemas vuelven a solucionarse y el teletransporte de seres vivos es un éxito, al menos en apariencia. Para celebrar su éxito, algo que revolucionará los sistemas de transporte, decide intentar el experimento consigo mismo. Pero el desastre tiene lugar. Mientras se introduce en la cabina, una mosca pasa inadvertida y viaja como polizonte. El viaje se convierte en una pesadilla y en la cápsula receptora aparece un ser híbrido con el cuerpo humano del científico, pero con la cabeza y un brazo de mosca. Por supuesto, el otro ser híbrido (una mosca con una diminuta cabeza humana y un minúsculo brazo humano) desaparece volando y su búsqueda y localización pasan a ser la obsesión del atormentado Delambre quien, con ayuda de su esposa, intenta poner fin a la pesadilla. La idea consiste en hacer pasar a los dos engendros, de nuevo, por la máquina teletransportadora para que sus átomos vuelvan a ocupar las posiciones originales, recuperando así sus respectivas naturalezas de mosca y científico. No quiero desvelaros nada más sobre el argumento, porque, en caso de no haber visto la película, podréis disfrutar mejor del resto de la intriga.

Sin embargo, sí que me voy a referir al asunto del teletransporte desde un punto de vista científico. Veamos. Cuenta el profesor Lawrence M. Krauss que el teletransporte surgió, por primera vez, en la mítica serie de *Star Trek*, creada en 1966 por Gene Roddenberry. Al parecer, en aquella época, no se disponía de los medios necesarios para rodar un aterrizaje de una nave espacial sobre la superficie de un planeta, y alguien tuvo la brillante idea de sugerir un medio de viajar menos exigente. No obstante, desde los años 30, ya se conocían historias que trataban sobre dispositivos capaces de trasladar objetos de un lugar a otro. Incluso la película referida más arriba —a la que seguirían dos secuelas tituladas, respectivamente, *El regreso de la mosca (Return*

La mosca.
Fotograma de la película de 1958 dirigida por Kurt Neumann, que trata sobre un viejo anhelo de la ciencia, la teletransportación.

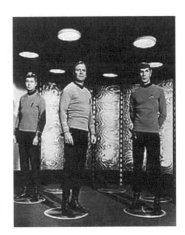

Star Trek. Módulo de
teletransporte de la serie
televisiva de ciencia ficción.

of the Fly, 1959) y *La maldición de la mosca* (*Curse of the Fly,* 1965)—
fue realizada ocho años antes del estreno de la serie protagonizada por
el capitán Kirk y el señor Spock. Por cierto, existe un *remake* estupendo
de la película original debido a David Cronenberg titulado igualmente
La mosca (*The Fly,* 1986), al que seguiría una secuela muy inferior, *La
mosca II* (*The Fly II,* 1989).

Ante todo, resulta fundamental tener claro qué es lo que se entiende
por «teletransporte». Habitualmente, los escritores de historias de
ciencia ficción utilizan este concepto para referirse a un sistema mediante el cual, de alguna manera, se consigue desintegrar a un sujeto
en un determinado lugar de origen para, seguidamente, reconstituir
una réplica exacta del mismo en otro lugar. Lo que casi nunca queda
claro es el procedimiento o técnica seguida para llevar a cabo la hazaña. Seguramente, todo el proceso tiene lugar mediante la exploración o el análisis (*scanning*) de todos y cada uno de los átomos del
cuerpo que se pretende transportar, para luego almacenar y procesar
la información así extraída. Es esta información la que se transmite hacia el lugar de destino y, una vez allí, se emplea para reconstruir o re-
plicar el objeto original. Evidentemente, esto no es lo que parece refle-
jarse en *Star Trek* o en otras películas, donde da la sensación de que lo
que realmente se está enviando hacia el lugar de destino son los propios átomos de los viajeros. Una dificultad de tipo técnico inherente a
semejante sistema de teletransporte es la falta aparente de cabina o
sistema receptor en el emplazamiento de destino. Otra pega tiene que
ver con la propia desintegración del cuerpo humano. Si se desmenuza
átomo por átomo, parece razonable pensar que lo más normal es que
sobrevenga la muerte antes de la posterior reconstrucción. Y eso no es
todo. Incluso si se obvian los dos inconvenientes anteriores, aún po-

drían presentarse otros dos escenarios dignos del terror más escalofriante. Y son justamente los que he comentado un poco más arriba. El primero tiene que ver con la información que se transmite y que puede mezclarse con alguna otra no deseada, como la de un insecto o cualquier otro ser repugnante que se nos ocurra, aunque, por otro lado, quizá resultase mucho más simpático (o no tanto) fundir nuestro cuerpo con una cafetera, tostadora o un electrodoméstico cualquiera, por ejemplo. El otro escenario posible está relacionado con un hipotético mal funcionamiento de la máquina. ¿Qué ocurre si el objeto se transporta a «otro lugar», incluso desconocido, como le ocurre al lindo gatito de la señora Delambre?

De todas formas, las situaciones anteriores, aún siendo aterradoras, no parecen ser las más graves, aunque todo depende del punto de vista de cada uno. En este sentido, cabría la posibilidad de preguntarse qué resulta peor, que se desintegre el objeto en la cabina de emisión o que, no sucediendo lo anterior, se reproduzca sobre la superficie del planeta Vulcano una segunda versión del señor Spock en la cabina receptora, manteniendo el original e intransferible a bordo de la *Enterprise*. Si así fuera, podríamos generar infinitas copias de nosotros mismos y estar en infinidad de lugares distintos al mismo tiempo. Eso serían de verdad unas multivacaciones. Por otro lado, no he mencionado otras molestias menores, como podrían ser los potenciales efectos secundarios del proceso de teletransporte mismo. ¿Produce síntomas molestos o agradables? ¿Puede marearnos, de forma semejante a como les sucede a algunas personas mientras viajan en coche o barco? ¿Existe un «jet lag» del teletransporte? Sea como sea y, llevando la broma un poco más allá, parece ser que los protagonistas de la *Guía del autoestopista galáctico* (*The hitchhiker's guide to the galaxy*), la simpática serie de libros escrita por Douglas Adams tienen claros los desagradables efectos del viaje y tratan de combatirlos a base de generosas ingestas de sal, proteínas y relajantes musculares.

Bien, después de examinar algunos de los aspectos, digamos de carácter práctico, que podrían involucrar un potencial sistema de teletransporte, se puede proceder a hacer alguna consideración de tipo teórico. Me refiero a la capacidad que debería poseer nuestro sistema particular de adquirir, procesar, manejar y recuperar toda la información necesaria acerca de las posiciones y estados de los átomos del sujeto que se pretende teletransportar. Para ser capaces de enviar un cuerpo (vivo o no) desde un sistema emisor hasta otro receptor se requiere un *scanning* bastante preciso. En teoría, parece sencillo, ¿verdad? Sin embargo, puede que no seamos muy conscientes de la cantidad de átomos que encierra un cuerpo humano, por ejemplo. Se puede hacer una estimación un tanto grosera de esta cifra suponiendo que el cuerpo de una persona está completamente constituido por agua y conociendo la masa atómica del átomo de hidrógeno y la del átomo de oxígeno. Si queréis una cantidad algo más ajustada a la realidad, entonces se puede conseguir teniendo en cuenta que, aproximadamente, el cuerpo humano está formado por un 63 % de hidrógeno, un 25 % de oxígeno, un 9 % de carbono, un 1,4 % de nitrógeno, un 0,3 % de calcio, un 0,2 % de fósforo, un 0,03 % de cloro, un 0,06 % de potasio, un 0,05 % de azufre, un 0,03 % de sodio, un 0,01 % de magnesio y restos de otros elementos. Pues bien, conociendo las masas atómicas de todos estos elementos (pueden conseguirse fácilmente con ayuda de una tabla periódica de los elementos) resulta directo el cálculo estimativo aproximado del número de átomos presentes en un individuo promedio y éste resulta ser (átomo arriba, átomo abajo) de unos 10.000 billones de billones (esto es un 1 seguido por 28 ceros). Ahora bien, para conseguir teletransportar esta ingente cantidad de partículas se hace imprescindible disponer de un sistema de almacenamiento de la información relevante (posiciones y otras variables, como sus velocidades, por ejemplo) sobre todas y cada una de ellas. El profesor Samuel L. Braunstein ha estimado que para cada átomo hacen falta unos 10.000 bits de información relevante, con lo cual, para todo el cuerpo humano se requerirían, aproximadamente, 10.000 billones de billones de kilobytes. Esto significa que se necesitan prácticamente 50 millones de billones de discos duros de 200 Gb (gigabytes) cada uno, que son los que llevan incorporados actualmente los ordenadores portátiles de última generación. Y todo ello sin olvidar que no sólo es necesario almacenar semejante cantidad de información, sino que asimismo hay que transmitirla. Si nuestro sistema funcionase a 10 gigabits por segundo emplearía algo más de 300 billones de años. Sería preferible viajar «a patita».

Desgraciadamente, en la actualidad, aún estamos muy lejos de ser capaces de teletransportar un objeto macroscópico como puede ser un ser humano. Sin embargo, en fechas bastante recientes, se ha conseguido algo semejante denominado *teletransporte cuántico* (en inglés, *quantum teleportation*). El teletransporte cuántico consiste, en esencia, en la transferencia del estado cuántico de una partícula a otra de forma prácticamente instantánea. Imaginaos que deseamos transmitir un cierto estado de polarización de un fotón a otro. La única manera de conocer ese estado cuántico concreto consiste en efectuar una medida del mismo (el proceso de *scanning* al que me referí anteriormente). Ahora bien, dicho proceso de exploración está sujeto a las leyes de la física cuántica, que afirman, entre otras cosas, que una vez efectuada la medida de una cierta propiedad microscópica (el estado de polarización del fotón, por ejemplo) ésta cambia inevitablemente, no habiendo manera de saber cuál era su valor original (de hecho, ni siquiera tiene sentido plantearse cuál era éste). Por otro lado, el principio de incertidumbre de Heisenberg dice que siempre existen parejas de variables cuyos valores vienen afectados por incertidumbres que varían de forma inversamente proporcional entre sí. Esto significa, por ejemplo, que si conocemos con gran precisión la posición de una partícula como puede ser un electrón atómico, entonces dispondremos de una gran incertidumbre en el valor de su velocidad. Aplicando este argumento al caso particular de un átomo de hidrógeno, si fuésemos capaces de conocer la posición del mismo con una precisión de unos cuantos angstroms (décimas de nanómetro), el valor de la incertidumbre en su velocidad sería de varios cientos de metros por segundo. Parece obvio que esta limitación de carácter fundamental impone una seria dificultad a nuestra máquina teletransportadora. De hecho, los guionistas de Star Trek eran conscientes de semejante impedimento y decidieron instalar un dispositivo en su sistema denominado «compensador Heisenberg».

Fue en 1993 cuando Charles Bennett, de los laboratorios de IBM, y otros cinco investigadores propusieron un sistema de teletransporte que podía esquivar las dificultades anteriores. Ello era posible gracias al uso de una propiedad llamada «entrelazamiento» (*entanglement*, en inglés), también conocida como efecto EPR (en honor a Einstein, Podolsky y Rosen) y cuyo funcionamiento había sido explicado en los años 60 por John Bell. Según dicha propiedad, dos partículas «entrelazadas» se comportarían de tal manera que si se determinase una propiedad de una de ellas, ésta sería inmediatamente adquirida por su compañera, como si estuvieran unidas por alguna misteriosa relación; además el proceso parecía tener lugar de forma inmediata, fuese cual fuese la distancia que las separase. Bennett y sus colaboradores demostraron que el teletransporte de un estado cuántico era posible siempre que se pagase un precio en compensación: dicho estado cuántico debía destruirse en el proceso (adiós, capitán Kirk). Cuatro años más tarde, D. Bouwmeester y un equipo de investigadores de la universidad austriaca de Innsbruck llevaron a cabo el experimento propuesto por Bennett utilizando fotones. En años posteriores se fue avanzando y, hasta la fecha, se ha logrado teletransportar ya no únicamente partículas elementales como los fotones, sino haces de luz completos (A. Furusawa y sus colaboradores, en 1998); M. A. Nielsen y otros investigadores consiguieron transferir el estado cuántico de un núcleo de carbono a otro de hidrógeno mediante una técnica de resonancia magnética nuclear en 1998; en 2003, I. Marcikic y su equipo llevaron a cabo un experimento en el que transportaron fotones entre dos laboratorios separados entre sí por una distancia de 55 metros, pero unidos por una red de fibra óptica de más de dos kilómetros de

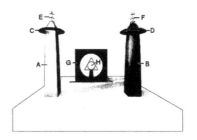

Esquema del artefacto «Full body teleportation system»(«sistema de teletransporte de un cuerpo humano»), que pertenece más al terreno de la ciencia ficción que al de las ciencias exactas.

longitud; al año siguiente, los equipos de M. Riebe y de M. D. Barrett tuvieron éxito con iones de calcio y de berilio, respectivamente. Más recientemente, en 2006, científicos japoneses e ingleses, conjuntamente, llevaron a cabo una demostración de «teleclonación», consiguiendo generar dos copias (no exactas) de un mismo haz láser. Si tuviésemos la audacia de extrapolar todos los resultados anteriores, cabría pensar que si se ha logrado con éxito el teletransporte de partículas elementales, de haces de partículas, de iones y, finalmente, de átomos, la posibilidad de hacerlo con un cuerpo humano quizá no sea algo del todo descabellado. Sea como fuere, parece ser que ya hay personas, aquí y ahora, con la intención de no dejar pasar según qué oportunidades. Así, el ciudadano con nacionalidad puertorriqueña John Quincy St. Clair (un nombre de lo más latino) consiguió inscribir el 6 de abril de 2006 en el registro de patentes de Estados Unidos la patente con el número 20060071122. El título de la misma lo dice todo: «Full body teleportation system» («sistema de teletransporte de un cuerpo humano», según mi libre traducción personal). En la descripción que hace de su invento, puede leerse, más o menos, lo siguiente:

«Un sistema basado en ondas gravitatorias pulsadas, generador de un agujero de gusano capaz de teletransportar un ser humano a través del hiperespacio de un lugar a otro».

Sin comentarios...

13. El final de la física (tal y como la conocemos)

La imaginación consuela a los hombres de lo que no pueden ser.
El humor los consuela de lo que son.

Winston Churchill

Hace un par de días cayó en mis manos un libro que solía leer y releer cuando era un niño, hace ya demasiados años. Trataba acerca de un hombre que viajaba en avión y sufría una avería mientras sobrevolaba el desierto, viéndose obligado a realizar un aterrizaje forzoso. Una cierta mañana, de repente, pudo escuchar una vocecita aguda pidiéndole que le hiciese un dibujo. Al mirar a su alrededor en busca del dueño de semejante voz, vio a un muchacho. Extrañado por haber encontrado a aquel niño tan lejos de un lugar habitado, el hombre le preguntó de dónde venía y el muchacho, tras un buen rato de dimes y diretes, por fin le confesó que «su planeta de origen era apenas más grande que una casa». Como ya habían pasado muchos años desde que había leído este cuento y ya soy un poco mayor y ahora veo las cosas que me rodean de otra manera, me pregunté cómo diantres podía ocurrir que alguien fuese capaz de vivir en un cuerpo celeste tan pequeño. Intrigado, avancé en la lectura unos párrafos más y hallé más adelante la siguiente frase: «Tengo poderosas razones para creer que el planeta del cual venía [...] era el asteroide B 612». Esto me extrañó sobremanera, pues sabido es que los asteroides suelen ser demasiado pequeños como para albergar vida alguna. Como soy todo un físico de tomo y lomo, se me ocurrió que podría determinar la aceleración de la gravedad en la superficie de un asteroide del «tamaño de una casa». Por miedo a meter la pata, busqué un poco de información sobre el tema y pude encontrar en la página web de un colega un problema muy similar al que yo me estaba enfrentando. Este amigo mío había supuesto que el planeta llamado B 612 tenía un radio de unos 10 me-

El principito. El personaje extraterrestre que da título a la novela de Antoine de Saint-Exupéry vive en la superficie del asteroide B 612, su planeta de origen, similar al tamaño de una casa.

tros. Suponiendo que la densidad fuese parecida a la de nuestro propio planeta, la Tierra, enseguida llegué al número que andaba buscando. La gravedad en la superficie de B 612 debía de ser de unos 0,000015 m/s². Esto es algo menos de 600.000 veces la que tenemos en la Tierra. Como me pareció un valor tan irreal, sobre todo porque el muchacho no parecía moverse con gran dificultad por la cálida arena del desierto en que se encontraba (algo que sí parece sucederles a los astronautas que caminan sobre el suelo lunar), decidí hacer una suposición un tanto audaz, consistente en aceptar que la gravedad en su planeta era semejante a la del nuestro. Llegué, de esta manera, a la conclusión de que su pequeño mundo debía de poseer una densidad de 3 millones y medio de veces la del agua líquida. Semejante conclusión aún me dejó más perplejo que la anterior, pues es sabido que tamaña densidad sólo se encuentra en las estrellas enanas blancas. ¿Cómo podía habitar aquel niño charlatán en un planeta con la densidad de una estrella moribunda y con una gravedad tan pequeña? Dejé de pensar por un instante en estas cosas y me dispuse a calcular la masa del asteroide en cuestión. Con una densidad como la terrestre, debería ser de poco más de 20.000 toneladas métricas, tremendamente inferior a la masa de asteroides conocidos como Ceres, que posee una masa de más de un millón de billones de toneladas. Con la densidad de una enana blanca, la cosa no mejoraba demasiado, ya que entonces la masa de B 612 tan sólo aumentaba hasta los 13 billones de kilogramos, casi 100 veces por debajo de la del más pequeño satélite de Marte, Deimos. Decididamente, nada encajaba con la física conocida.

Resuelto a no dejarme vencer por tan nimia dificultad, me dispuse a determinar la velocidad de escape de aquel enigmático mundo, donde decía habitar aquel muchacho. Como ya sabía la aceleración de la gravedad de la gravedad calculada anteriormente, no fue nada difícil resolver esta nueva cuestión. Veamos, una gravedad de 0,000015 m/s^2 y un radio de 10 km dan una velocidad de escape de 1,7 cm/s. ¡Caray! Con semejante valor, ese niño no podría siquiera estornudar, pues podría salir despedido y colocarse en órbita asteroidestacionaria. Vaya problemón. A ver..., a ver si con una gravedad como la nuestra se arreglaba un poco la cosa. Sí, efectivamente, ahora era de 14 m/s. Impresionado me quedé. Ya podía pillar resfriados sin problema. Lástima que no pueda jugar a lanzar piedras lejos, como a mí tanto me gustaba cuando era niño. Debe de resultar un tanto extraño arrojar un pedrusco y después contemplarlo por las noches como satélite en tu mundo. Si tirases muchas piedras, podrías fabricarte tu propio anillo, a imagen y semejanza de los de nuestro vecino Saturno.

Como cada respuesta que encontraba me parecía tanto más intrigante que la anterior, nuevas preguntas bullían en mi cerebro. Se me ocurrió que si el niño era capaz de hablar con el aviador del cuento era debido a que tenía la capacidad de respirar el aire de la atmósfera terrestre. Así pues, me enfrenté a este nuevo desafío: ¿tendrá atmósfera respirable el asteroide B 612? Nuevamente, la página web de mi amigo volvió a darme una pista valiosa. No había más que determinar la velocidad cuadrática media de las moléculas del aire y compararla con la velocidad de escape en la superficie del planeta. Como aquélla depende de la temperatura del aire, supuse que, al no ir excesivamente abrigado aquel niño extraño, debería de ser parecida a la de la Tierra y puse en la formulita el valor de T=300 K (unos 27 ºC). Y, una vez más, sorpresa. La velocidad cuadrática media de las moléculas del aire debería ser de más de 500 m/s, muy lejos de los 14 m/s y más aún de los 1,7 cm/s que ya había calculado anteriormente. Si las moléculas de un gas se mueven (debido a la agitación térmica) superando la velocidad necesaria para escapar de la gravedad, ese mundo nunca podrá poseer una atmósfera respirable como la nuestra. Pero lo que no puede hacer de ninguna manera la ciencia es negar la evidencia experimental. Y yo sabía que el niño estaba allí, vivo. Y que respiraba nuestro aire. ¿Cómo era posible? ¿Estaba equivocada la física tal y como yo la conocía? Fue entonces cuando se me ocurrió que cabría la posibilidad de que la temperatura del asteroide B 612 quizá fuese inferior a la que yo había dado por sentado. Cabía la posibilidad de que aquel ser diminuto poseyese unas extraordinarias capacidades de adaptación a ambientes adversos o podría ser también que aquellas extrañas ropas que vestía le proporcionasen un aislamiento térmico fuera de lo común. En fin, que me lancé al cálculo y obtuve que si la velocidad de las moléculas era de 1,7 cm/s, la temperatura del hogar del muchacho debería de ser aproximadamente de 0,3 millonésimas de kelvin, menos de 273 grados centígrados bajo cero.

Ante tan decepcionante resultado y a punto de romper a llorar de impotencia científica, mi mente escrutadora y analítica buscó un consuelo menor en el hecho de que temperaturas incluso inferiores se habían alcanzado en los laboratorios terrícolas. Apesadumbrado, hice un último intento desesperado de que mejorasen las cosas y procedí a introducir en la ecuación el segundo valor de la velocidad de escape, el que había determinado suponiendo que el puñetero planetita canijo tenía la densidad de una enana blanca, es decir, los impresionantes 14 m/s. Y, de nuevo, una vez más la implacable verdad de las matemáticas volvía a golpearme sin piedad. Ahora resultaba que la temperatura podría ascender hasta el achicharrante valor de 0,23 kelvin. ¡Madre mía, esto era de locos! Aquel niñato de las narices parecía desafiar todos mis conocimientos teóricos del mundo físico.

En un intento desesperado por encontrar una solución racional, abandoné la ciencia y seguí avanzando en la lectura del libro con la esperanza de que el autor desvelase el misterio. No sé, que todo hubiera sido un sueño del protagonista, como en tantas y tantas películas con final original o algo parecido. Pero, horror, la cosa parecía empeorar. Un poco más adelante, descubrí una frase que decía así: «sobre tu pequeño planeta te bastaba arrastrar la silla algunos pasos para presenciar el crepúsculo cada vez que lo deseabas [...]». Y poco después: «¡Un día vi ponerse el sol 43 veces!».

Viendo que aún me faltaban unas desesperantes veinte páginas para llegar al final y que quizá allí estuviese la respuesta a todas mis preguntas, continué avanzando. El relato proseguía con el niñito molestoso relatando las aventuras que había corrido hasta llegar a la Tierra. Por lo visto, había hecho escala antes en otros seis planetas, todos de lo más extraño. Por ejemplo, en el quinto de ellos, afirmaba que habitaban tan sólo un farolero y su farol. ¡Menuda bobada! ¿Para qué necesita un farolero un planeta con un solo habitante? Pensé un momento y me dije: «No te detengas, continúa o te vas a volver majareta». Vacilé un instante e hice caso a mi conciencia. Por fin, una frase que encajaba: «Tu planeta es tan pequeño que puedes darle la vuelta en tres zancadas. No tienes que hacer más que caminar muy lentamente para quedar siempre al sol. Cuando quieras descansar, caminarás... y el día durará tanto tiempo cuanto quieras». Esto empezaba a mejorar. Era capaz de entender la frase. En la Tierra también ocurriría algo parecido. Si te movieses a la misma velocidad que gira nuestro planeta y en sentido contrario a la misma, siempre sería la misma hora. Ahora ya me estaba animando. Continué un poco más. Al llegar al sexto planeta, que era 10 veces más grande que el quinto, el muchachete éste, que volvía a serme simpático, se encontró con un geógrafo que se dedicaba todo el tiempo a levantar mapas de su planeta, pero decía que no podía saber si había océanos, montañas, ríos y desiertos. Armado con la confianza necesaria, volví a sucumbir a la tentación de hacer cálculos. Pensé en la distancia al horizonte que somos capaces de ver en un planeta como la Tierra y luego aplicar esto al mundo del geógrafo. Bien. Os cuento un poco de qué va esto del horizonte. Cuando miráis en dirección a una hermosa puesta de sol, por ejemplo, os habréis dado cuenta (si no hay obstáculos por delante) de que vuestra vista alcanza hasta una determinada distancia y ésta es tanto mayor cuanto más alta sea vuestra posición, es decir, veis más lejos si os subís a lo alto de una azotea que desde la ventana del primer piso. La distancia al horizonte coincide con la distancia entre vuestros ojos y el punto más lejano que sois capaces de divisar. No se puede ver más allá por algo que ya sabía Cristóbal Colón y es que el mundo es redondo. Mediante un sencillo triángulo rectángulo se puede determinar que la distancia al horizonte depende del radio del planeta y de la altura sobre su superficie, desde la cual observamos. Así, para la Tierra, el horizonte se encuentra a algo más de 5 km, siempre que miremos desde una altura de unos 2 metros. Si lo hiciéramos desde lo alto de un puente de 200 metros de altura, nuestra vista alcanzaría los 50 km en el supuesto de que no existiesen obstáculos que lo impidiesen. Como el quinto planeta del libro se podía recorrer en tres zancadas, suponiendo que cada zancada era de

El principito contiene ilustraciones originales del propio autor. El protagonista, en su viaje espacial, encuentra otros planetas habitados, como el de la imagen.

medio metro, el perímetro debía de ser de 1,5 metros y, por tanto, su radio de unos 25 centímetros. Esto proporcionaba el radio del planeta donde vivía el geógrafo y resultaba ser de 2,5 metros. Dando por hecho que la estatura de aquél sería semejante a la del muchacho y que rondaría el medio metro, deduje que la distancia al horizonte que podría ser capaz de visionar sería de casi 1,5 metros. No estaba nada mal para un mundo de 2,5 metros de radio. Era algo así como si desde la Tierra fuésemos capaces de ver hasta casi 4.000 km de distancia. Y eso sin necesidad de subirse a ninguna azotea ni puente. ¿Cómo era capaz aquel tipo de decir que no podía saber si en su planeta había accidentes geográficos? ¿Os imagináis mirar desde España y ser capaces de ver hasta Ucrania y no divisar monte ni río alguno?

Carmesí de furia, cogí el libro y lo arrojé contra una esquina de la habitación. Cayó con la portada hacia mí. Decía así: *El principito*, por Antoine de Saint-Exupéry. No he podido saber cómo acaba. Si queréis, podéis leerlo, aunque no os lo recomiendo. No hay quien lo entienda. ¡Menudo cuento!

14. Viaje armónico simple al centro de la Tierra

Cualquiera que vaya al psiquiatra debería examinarse la cabeza.

Samuel Goldwyn

Cuando en 1864 Jules Verne escribía su *Viaje al centro de la Tierra* (*Voyage au centre de la Terre*) no todo había surgido de su fecunda imaginación. Desde la antigüedad ya se conocía «el mito de la Tierra hueca». Incluso el mismísimo Edmund Halley, el descubridor del cometa que lleva su nombre, había propuesto en el año 1692 que nuestro planeta estaba formado en su interior por cuatro esferas concéntricas (éstas giraban a velocidades diferentes con objeto de explicar ciertas anomalías magnéticas) y que las auroras boreales estaban causadas por el escape de un gas interior a través de la corteza terrestre. Modelos posteriores sugerían aberturas físicas en los polos de la Tierra por donde se podría descender hacia el centro del planeta. Una de las teorías que mayor eco produjo fue la de John Cleves Symmes, Jr., que consistía en suponer que, antes de penetrar en el inmenso hueco, había que atravesar una corteza esférica de 1.300 km de espesor y seguía erre que erre con los pasos en los polos (siempre resulta más sencillo colocar soluciones donde nadie ha estado previamente). Corría el año 1818 y los polos geográficos de la Tierra no serían visitados (a patita) por el hombre hasta 1909 y 1911, respectivamente. Tan sólo un par de años después aparecería un iluminado (nunca mejor dicho) Marshall B. Gardner, con la cálida idea de un sol de 965 km de diámetro en el centro de la Tierra. En 1926, Richard Byrd sobrevolaba el Polo Norte y, en 1929, el Polo Sur. Posteriormente, en 1970, Ray Palmer (editor de la famosa publicación *Amazing Stories*) empezó a divulgar la idea de la Tierra hueca y de que Byrd había conseguido penetrar por las míticas aberturas polares (¡qué miedo!). Y así es cómo la pseudociencia se va apoderando de las mentes débiles y ansiosas de escapar de la implacable y poco estimulante realidad del mundo físico que nos rodea. Sin embargo, mis queridos y sufridos lectores, yo intentaré, una vez más, descubriros que el mundo real de la física puede ser aún más emocionante y estimulante que la ficción.

Aunque el profesor Otto Lidenbrock, su sobrino Axel y su compañero de expedición, el islandés Hans Bjelke, protagonistas de la novela de Verne, se encontraban en su periplo hacia el centro de la Tierra con unas condiciones físicas más que benignas, éstas estaban basadas en el desconocimiento que había en aquella época del interior de nuestro planeta. Desgraciada o afortunadamente, hoy en día disponemos de técnicas suficientemente sofisticadas y fiables como para saber que tal viaje sólo puede existir en la imaginación de una mente humana. Sin embargo, no todo podría ser producto de la fantasía. Recientemente, Michael E. Wysession y Jesse Lawrence, de la universidad de Washington, en St. Louis, han afirmado haber encontrado una extensión de agua similar (en volumen) al océano Ártico justo debajo de Asia oriental, en el manto terrestre. Asimismo, en el fondo del océano Atlántico se ha hallado un enorme agujero que ha dejado expuesto nada menos que el mismísimo manto terrestre. Así pues, ¿sería real el mar que encuentran nuestros intrépidos amigos en el interior de la Tierra, habitado por seres prehistóricos?

Un gran porcentaje de nuestro conocimiento actual sobre el interior de la Tierra proviene de los datos suministrados por las ondas sísmicas.

Viaje al centro de la Tierra. Edición facsímil de la novela homónima de Jules Verne.

Richard Byrd, almirante del ejército americano, consiguió sobrevolar en 1926 el Polo Norte y, en 1929, el Polo Sur. Sus conquistas polares no están exentas de polémicas.

Durante un terremoto se generan ondas denominadas de tipo P y ondas de tipo S (un par de simulaciones de las mismas pueden verse en la página de internet que figura en las referencias), que se propagan hacia el interior de la Tierra, reflejándose en las fronteras que separan medios con distinta densidad y volviendo a la superficie. Las ondas S tienen la particularidad de no ser capaces de viajar por un medio líquido, así que cuando una onda de este tipo se deja de propagar, este hecho se interpreta como un indicio inequívoco de que el medio tiene naturaleza líquida. Y esto es lo que sucede justamente a unos 2.900 km de profundidad. A esta región del interior terrestre se le llama núcleo externo. Más hacia el interior, a unos 5.200 km, las ondas P cambian de velocidad, indicando que ahora el medio con el que se encuentran es de naturaleza sólida nuevamente. Hemos llegado al núcleo interno. Desde aquí hasta el centro de la Tierra solamente nos separan 1.200 km. Parece que la quimera de una Tierra hueca empieza a desvanecerse. Otro dato que actualmente se conoce con una gran precisión es el valor de la masa de nuestro planeta. Si se divide esa masa por el volumen terrestre (supuestamente, esférico) se obtiene la densidad media y ésta resulta ser de 5,4 veces la del agua. Si toda la masa de la Tierra estuviese concentrada en una corteza de tan sólo 1.300 km de espesor (como afirmaba John Cleves Symmes, Jr.), la densidad media debería ascender a 11 g/cm^3. Desgraciadamente, no se han encontrado densidades superiores a 3,3 g/cm^3 en las rocas de la corteza terrestre. Lástima, otro punto a favor de la Tierra rellenita. El único recurso que les queda a los iluminados pseudocientíficos es decir que nuestra determinación de la masa terrestre es falsa. Buena solución. Si no puedes derribar los argumentos de tu rival, mejor afirmar que miente. Esto me suena. Pero lo mejor de todo es cuando pensamos en los habitantes del hipotético interior de la Tierra. ¿Cómo se mueven? Evidentemente, su mundo, a diferencia del nuestro, es cóncavo y, por

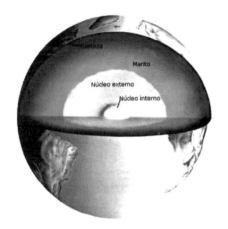

En un supuesto viaje en caída libre hacia el interior de la Tierra, la velocidad variaría dependiendo de la gravedad de las distintas partes que conforman el interior de nuestro planeta.

lo tanto, su horizonte visual debe inclinarse turbadoramente hacia arriba. Además, con haber estudiado con un poco de interés y atención las leyes físicas de Newton (1643-1727; ya ha llovido lo suficiente como para tenerlas claras) se puede deducir fácilmente que el campo gravitatorio en el interior de una corteza esférica, como la pretendida Tierra hueca, debe ser cero, es decir, que los terrahuequenses no pesarían y se moverían en un más que molesto estado de ingravidez. Una buena solución si lo que se pretende es, por ejemplo, padecer una osteoporosis galopante. Claro que siempre les quedaría la gravedad producida por el sol central de 965 km de diámetro. Sin embargo, ésta tiraría de ellos hacia el propio sol. ¡Ya está resuelto el viaje al centro de la Tierra! Pero no tengáis pena por ellos, ya que es más que sabido que una estrella debe poseer, al menos, una masa de 21.000 veces superior a la de la Tierra para poder iniciar las reacciones nucleares de fusión del hidrógeno. Vaya, estos tíos no dan una...

Pero vamos a donde yo quiero, pues todo lo anterior no es más que una disculpa para llamar vuestra atención y que ahora sigáis leyendo picados por la mosca de la curiosidad (eso espero). Veréis, si queremos alcanzar el centro de la Tierra, todo lo que tenemos que hacer es abrir un túnel que atraviese aquélla a lo largo de un diámetro. ¿Fácil, no? Sólo necesitamos un buen taladro. Una vez abierto el túnel, nos dejamos caer por él a modo de tobogán planetario y ¡zas! En un pispás hemos llegado. Bueno, bromas aparte, si fuésemos capaces de hacer semejante agujero capaz de atravesar de lado a lado nuestro propio planeta, podríamos realizar un viaje más que alucinante. Efectivamente, siguiendo el trabajo de R. Snyder, publicado en *American Journal of Physics* en el año 1986, se puede considerar que el interior de la Tierra está formado por dos regiones claramente diferenciadas que se corresponden con el manto y el núcleo, cada una de ellas con una densidad constante e igual a 4,4 g/cm^3 para el primero y 11 g/cm^3 para el segundo. A medida que nos cayésemos hacia el centro de la Tierra, la aceleración de la gravedad iría disminuyendo suavemente hasta llegar a los 1.370 km de profundidad, donde tomaría el valor 9,32 m/s^2 (en la superficie tiene un valor de 9,82 m/s^2), para luego volver a aumentar lentamente hasta los 10,73 m/s^2 a los 3.500 km de profundidad, justo en la superficie de separación entre el manto y el núcleo. A partir de este punto, la gravedad disminuye proporcionalmente con la profundidad, haciéndose cero justo en el centro de la Tierra, donde nos sentiríamos en completa ingravidez. Pero, aún más, podemos saber incluso el tiempo que duraría nuestro viaje. Las matemáticas dicen que el movimiento que describiríamos al caer por el túnel sería aproximadamente de tipo armónico simple (este movimiento es el que describe un muelle cuando lo estiráis un poco, separándolo de su posición de equilibrio, y después lo soltáis). Y digo lo de aproximadamente porque, estrictamente, esto sólo ocurre en la región del núcleo. En el manto, se parece bastante a un movimiento rectilíneo con aceleración constante. En fin, nuestro paseíto duraría 12 minutos y 56 segundos hasta haber atravesado el manto, alcanzando una velocidad al llegar a la superficie de separación con el núcleo de 26.640 km/h. Otros 6 minutos y 32,5 segundos son necesarios para llegar hasta el centro mismo del planeta, por donde pasaríamos a una velocidad de 34.560 km/h, casi sin tiempo de verlo siquiera. A partir de aquí, otros 19 minutos y 28,5 segundos serían necesarios para volver a alcanzar la superficie de la Tierra, pero ahora en nuestras antípodas. Nuestro viaje ha durado 38 minutos y 57 segundos. Si nada lo impide, el movimiento volvería a repetirse de nuevo, pero en sentido contrario hasta alcanzar nuestro punto de origen y así, sucesivamente, siempre que se ignore el rozamiento. No es tan romántico como entrar por el Snaefellsjökull y salir por el Stromboli, pero no me negaréis que resultaría bastante más vertiginoso y emocionante.

15. Otro viaje (rotatorio) al centro de la Tierra

Dadme un punto de apoyo y moveré la Tierra.

Arquímedes

Nuestro planeta se encuentra de nuevo en peligro, al borde de un cataclismo global. Decenas de personas mueren sin aparente explicación y de forma repentina. El doctor en geofísica, Josh Keyes, apenas en un parpadeo, se da cuenta de que todas ellas tenían en común el llevar implantado un marcapasos. Las palomas vuelan desorientadas y se dan de mamporros contra los automóviles en Trafalgar Square. Tremebundas tormentas eléctricas caen por doquier, mostrando un desaforado apetito preferencial por los grandes monumentos de interés histórico. Un instante después, el mismo doctor Keyes deduce que el núcleo terrestre se ha detenido y está causando toda una serie de anomalías magnéticas que provocan y provocarán enormes desastres que conducirán, finalmente, a la desaparición de la vida sobre nuestro planeta. La solución para evitarlo es tan simple como original: viajar hasta el centro de la Tierra y detonar cinco artefactos de 200 megatones cada uno para reactivar el movimiento rotatorio del núcleo. Éste es, muy sucintamente, el argumento de la película estrenada en 2003 y dirigida por Jon Amiel, *El núcleo* (*The Core*). Si consultáis la página web de *Insultingly Stupid Movie Physics* (se puede traducir, más o menos libremente, por «la física insultantemente estúpida en las películas») podréis comprobar que le dedican un apartado especial donde la califican como «la peor película jamás rodada». Allí se analizan una serie de fallos, de inconsistencias del guión, de conceptos físicos erróneos, etc. He descubierto, asimismo, que en el blog de Alf, Malaciencia (véanse las referencias, al final del libro), se analizan y discuten algunos de esos mismos errores y otros muchos. Por ejemplo, citaré que resulta del todo imposible que la desaparición del campo magnético de

El núcleo, dirigida por Jon Amiel en 2003. Esta película, llena de inconsistentes conceptos físicos, versa sobre un viaje al centro de la Tierra para conseguir reactivar el movimiento rotatorio del núcleo.

la Tierra provoque que la radiación de microondas procedente del Sol nos vaya a carbonizar o producir grandes quemaduras. Sí que es cierto que si el núcleo de nuestro planeta dejase de girar, el campo magnético terrestre desaparecería, pero el hecho de que este campo magnético esté o no presente no afecta en absoluto a una radiación electromagnética como son las microondas. Un experimento muy sencillo que podéis llevar a cabo para corroborar este hecho puede consistir en intentar desviar un haz de luz procedente de una linterna o una bombilla utilizando un imán para ello. Vuestro chasco será histórico, os lo puedo asegurar. Es más, la cantidad de radiación que recibimos en forma de microondas procedente del Sol es muy pequeña en comparación con la que nos llega en forma visible, por ejemplo. La ley de Wien permite determinar que nuestra estrella favorita emite energía electromagnética como si fuera un cuerpo negro que se encontrase a una temperatura cercana a los 6.000 ºC y, en consecuencia, la longitud de onda a la que se produce la máxima emisión de energía radiante cae alrededor de los 475 nanómetros, correspondiente a un tono de color verde (nosotros vemos el Sol de color amarillo debido a los efectos de dispersión de la atmósfera terrestre).

Aunque la película constituye un impresionante compendio de conceptos científicos incorrectos y podría llevarme unas cuantas páginas comentarlos todos, creo que es más recomendable aconsejaros que los leáis en el blog de Alf que mencionaba un poco más arriba. Allí encontraréis la discusión sobre el inobtenio (unobtanium) con el que está fabricada la nave Virgilio, que llevará a los terranautas en su viaje desesperado al núcleo de la Tierra, o la imposibilidad absoluta de comunicación por radio desde el interior de la nave con el puesto de mando exterior, ubicado en la superficie del planeta. Lo que no se comenta en Malaciencia es que, en el caso de que decidiesen comunicarse de una forma un poco más plausible, es decir, mediante ondas acústicas, habría que tener en cuenta el retraso en la propagación de las mismas. Esto es debido a que el sonido viaja a una velocidad finita en los medios materiales. Si el núcleo terrestre está constituido por hierro y níquel y la velocidad de propagación del sonido en el hierro es, aproximadamente, de unos 5 km/s, no hay que ser un doctor Zimsky para caer en la cuenta de que nuestra voz tardaría aproximadamente 10 minutos en llegar a la superficie y luego deberíamos aguardar otros 10 minutos hasta recibir la respuesta. Demasiado tiempo para un desarrollo ágil del guión y para el mantenimiento de la atmósfera de tensión requerida. También podéis leer en Malaciencia que la destrucción del puente Golden Gate que se muestra en la película debería suceder justamente al contrario; si se corta el cable que sujeta las torres, éstas deberían doblarse hacia fuera, hacia donde están tirando los otros cables.

Como la página de *Insultingly Stupid Movie Physics* está escrita en inglés y puede que alguno de vosotros no conozca los secretos de la lengua de Shakespeare, os comentaré unas pocas cosas de las que allí se dicen (no todas, que sería un tanto demasiado largo) sobre determinadas escenas de la película. Una de ellas tiene que ver con la geoda gigante que se encuentran nuestros héroes durante su periplo por el mundo interior. Quizá convenga decir algo acerca de la presión que deberíamos soportar si nos adentrásemos en las secretas intimidades profundas del planeta que habitamos. Se estima que la presión en el centro de nuestro mundo debe ascender a unos 300.000 millones de pascales, o sea, una magnitud 3 millones de veces superior a la que soportamos a nivel del mar. Pues bien, para que la geoda hallada por los intrépidos terranautas no colapse de la misma manera que lo haría un globo hinchado si lo aplastásemos, el aire (o cualquier otro gas) que se encuentra en su interior debe ejercer una presión sobre las paredes de aquélla que tiene que ser forzosamente mayor a la existente en el exterior de la misma. Y aquí radica precisamente el problema, ya que un gas sometido a semejante presión difícilmente se mantendrá (valga la redundancia) en estado gaseoso, sino que más bien debería tener la consistencia de un líquido. ¿Cómo pueden, entonces, los protagonistas bajarse de la Virgilio y pasear como si estuvieran sobre la superficie de la Tierra? ¿Cómo es posible que sus trajes, diseñados para resistir temperaturas de 5.000 °C, no se fundan a temperaturas por encima de los 9.000 °C? ¿Tienen un margen de fiabilidad de 4.000 °C? Y lo mejor llega ahora. Encuentran diamantes gigantes en el interior de la geoda. Un cristal atasca la nave y para liberarla no se les ocurre otra cosa que utilizar el oxígeno de un tanque de respiración. ¿Qué pasaría si un niño que viese la película intentase algo parecido en su casa o en el laboratorio de química del colegio? Para liberar oxígeno de una botella en un ambiente donde la presión es de cientos de miles de atmósferas y la temperatura de miles de grados, hay que ser más osado y temerario que El Coyote usando artilugios marca ACME.

A pesar de todos los análisis anteriores, en ninguno de los dos sitios de internet anteriores se hace alusión a lo que yo considero el meollo del asunto, es decir, a la forma en la que nuestros científicos, militares y políticos, todos juntitos, han decidido salvar la vida en el planeta. Como ya os he comentado anteriormente, la solución es de lo más original en las películas de ciencia ficción, y no consiste en otra cosa que hacer detonar cinco cabezas nucleares con un poder total de 1.000 megatones. Bien, supongo que casi todos conoceréis (véase el Capítulo 14) que el interior de la Tierra está formado, básicamente, por tres capas bien diferenciadas: la corteza, el manto y el núcleo. Este último suele considerarse dividido en un núcleo externo, de unos 3.500 km de radio, y consistente en una mezcla fluida en estado líquido de hierro y níquel. Por debajo del mismo se encuentra un núcleo interno con 1.200 km de radio y en estado sólido. Aunque el asunto no está aún demasiado bien comprendido, el núcleo terrestre parece girar con una velocidad de rotación que es prácticamente igual a la velocidad de rotación de la Tierra. Es este movimiento el que parece ser responsable del campo magnético que presenta nuestro planeta. En fin, voy al grano. Imaginaos que estáis en un parque de atracciones y que deseáis (cual supervillanos de cómic) fastidiar a los niños que se encuentran subidos en el tiovivo, deteniéndolo. Pero queréis hacerlo a lo bruto, sin desconectar la fuente de alimentación del carrusel, con vuestras propias manos. ¿Cómo debéis proceder? Ante todo, la fuerza que tenéis que aplicar debe ser tangencial, es decir, ha de llevar una dirección perpendicular al radio del tiovivo. Lo siento, pero esa es la forma de detener un movimiento rotatorio. No hay forma de hacerlo, por ejemplo, atando una cuerda y tirando hacia afuera según un diámetro; solamente puede conseguirse si atáis la cuerda a la periferia del tiovivo y tiráis en el sentido opuesto al giro. En segundo lugar, y no menos importante, está la cuestión de la energía que hay que gastar para llevar a cabo la faena. Es necesario poner en juego tanta energía como la que tiene el cuerpo que se desea detener. En este caso, dicha energía se llama energía cinética de rotación y tiene un valor que depende de la densidad del cuerpo y de sus dimensiones geométricas a través de una cantidad denominada momento de inercia y, además, también de la velocidad con la que gire el objeto. Apliquemos esto mismo a la película y supongamos que los niños somos todos los habitantes de la Tierra y el tiovivo no es otra cosa que el núcleo externo terrestre. Debo confesar, aunque me duela en lo más profundo de mi orgullo, que no se me ocurre cómo poder hacer para que la onda expansiva de las detonaciones aplique la fuerza necesaria y en la dirección correcta como para ser capaz de anular la rotación. Pero, en fin, confiaré ciegamente en la capacidad intelectual de los científicos sabihondos que aparecen en la pantalla. Sin embargo, la segunda pega no es tan fácil de evitar. Como se conocen las dimensiones del núcleo terrestre, su densidad y la velocidad con la que está rotando, resulta elemental obtener la energía necesaria para detenerlo. Y esta resulta ser de unos 5 billones de megatones. Moraleja: los guionistas se han quedado cortos, ya que harían falta unas 5.000 millones de bombas más. Y es que la Tierra es, en realidad, un planeta mucho más grande que una casa y, por desgracia, no hay sólo uno sino muchos, quizá demasiados faroleros. Preguntadle si no al Principito...

16. Golpes bajos, demasiado bajos

Yo no estuve ahí ni tampoco hice eso.

Bart Simpson

Recuerdo que hace muchos años, cuando era un niño y me portaba bien, mi madre me daba unas pesetas (sí, aquellas monedas antiguas con la cara impresa de aquel señor tan serio) con las que me podía comprar unos sobrecitos de papel de estraza maravillosamente decorados y coloreados en cuyo interior venían pequeñas piezas de plástico que servían para montar una maqueta del submarino *Seaview*, una nave para viajar por las profundidades marinas dotada de la más moderna tecnología y con unas cristaleras panorámicas situadas en la proa que hacían las delicias de la tripulación mientras mostraban espectaculares paisajes nunca vistos antes por el ser humano. Todo ello formaba parte de la mercadotecnia asociada a una serie de TV producida por el prolífico Irwin Allen, responsable de una buena cantidad de series que ahora algunos recordamos con nostalgia (*Tierra de gigantes, Perdidos en el espacio, El túnel del tiempo*, etc). Este serial, que se emitió a lo largo de cuatro temporadas en los años 60 bajo el título de *Viaje al fondo del mar* (*Voyage to the bottom of the sea*), surgió como una secuela del largometraje homónimo realizado en el año 1961. La trama de éste era de lo más enloquecida que se puede encontrar en el mundo de la ciencia ficción. Debido al inoportuno paso de un cometa por las inmediaciones de la Tierra, los cinturones de radiación de Van Allen se incendian y nuestro planeta comienza a sufrir un calentamiento repentino y feroz (sí, mis queridos lectores, a achicharrarse se ha dicho...). La estrambótica y estrafalaria solución que se le ocurre al iluminado capitán del submarino *Seaview* (lo último y megamoderno en submarinos atómicos) es lanzar al espacio un ingenio nuclear (y dale con las bombitas para arreglar las cosas...) desde un lugar situado en el círculo polar antártico. ¿A nadie se le podría haber ocurrido una idea algo más original? ¿Qué tienen que ver los cinturones de radiación de Van Allen con un calentamiento global de la Tierra? Y, sobre todo, ¿cómo demonios se pueden inflamar? ¿No os parece que ya es hora de dar una explicación?

Vamos a ver. Los cinturones de radiación de Van Allen o, simplemente, cinturones de Van Allen son nada más y nada menos que una región del espacio donde quedan atrapadas, debido a su interacción con el campo magnético terrestre, las partículas cargadas eléctricamente que provienen tanto de los rayos cósmicos como del viento solar. Reciben su nombre del físico estadounidense James Alfred Van Allen (fallecido en agosto de 2006). Se les llama «cinturones», en plural, porque son dos. El llamado cinturón interior se extiende desde una distancia de unos cuantos cientos de kilómetros sobre la superficie terrestre hasta unos cuantos miles de kilómetros; en él quedan atrapados, fundamentalmente, describiendo órbitas helicoidales protones de altas energías. Éstos son altamente peligrosos tanto para las naves espaciales como para los propios astronautas, debido a su alto poder de penetración, por lo que siempre se suelen evitar. Asimismo, cuando estas partículas cargadas se encuentran en las cercanías de los polos magnéticos de la Tierra, donde el campo magnético tiene una mayor intensidad, interaccionan con las capas altas de nuestra atmósfera y dan lugar a las impresionantes auroras boreales. El denominado cinturón exterior se extiende hasta varias decenas de miles de kilómetros más allá de la superficie de nuestro planeta y en él se pueden encontrar mayoritariamente electrones.

Después de esta aclaración, me imagino que a ninguno de vosotros le quedará la más mínima duda acerca de la absurdidad del guión de

Viaje al fondo del mar (1961), producida por Irwin Allen. El submarino *Seaview*, propiedad del Gobierno de Estados Unidos, investiga fántasticos abismos en la profundidad de los océanos.

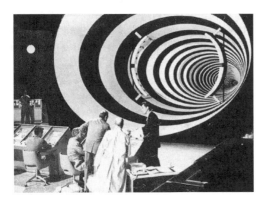

Fotograma de *El túnel del tiempo*, serie televisiva producida también por Irwin Allen en los años 60.

la película en cuestión (y pensar que cuando era niño me encantaba toda aquella parafernalia). ¿Cómo se va a incendiar una región del espacio vacío? ¿Cómo se va a sofocar un incendio con una bomba atómica? En fin, ellos sabrán.

De todas formas, el propósito de este capítulo no es analizar la viabilidad de las premisas en las que se basa el argumento, sino que lo he utilizado simple y llanamente para rellenar unas cuantas líneas y párrafos más y que el capítulo no quede tan cortito. En lo que me gustaría centrarme es en otra cuestión un poco (sólo un poco) más sutil. Veréis. En un determinado instante de la acción, nuestro infatigable submarino tiene que sumergirse a toda velocidad debido al ataque furibundo de nada menos que ¡pedazos de iceberg! Y eso no es todo. Ahora viene lo mejor, algo que suele ocurrir cuando los guionistas nos deleitan con datos numéricos para hacer más real la escena, aunque casi siempre patinen sin remedio. Pues bien, mientras observa por las maravillosas cristaleras del *Seaview* cómo caen los trozos de hielo, uno de los tripulantes va pregonando en voz alta la profundidad a la que se encuentran: «400 pies, 450, 500, 600 pies...». ¡Ya está liada! Ahora ya no hay vuelta atrás. Es el turno de la física.

La cuestión que se plantea aquí es la siguiente: ¿hasta qué profundidad puede llegar un objeto que dejamos caer por encima de la superficie del agua? Y la respuesta no es complicada, aunque para ello haya de realizarse un cálculo no del todo elemental. Intentaré explicarlo de la forma más sencilla posible. Para no complicar innecesariamente el asunto, voy a suponer que el objeto que se deja caer es de forma esférica, aunque las conclusiones que se obtienen son del todo aplicables para otras formas geométricas diferentes. Un cuerpo esférico que se precipita desde una cierta altura en el aire (no tengo en cuenta el rozamiento con este medio) y llega a la superficie del agua se encuentra con tres fuerzas distintas: su propio peso que le empuja hacia abajo, el empuje de Arquímedes y el rozamiento viscoso con el agua; y éstas dos últimas fuerzas actúan oponiéndose al hundimiento del objeto, pues tienen direcciones verticales dirigidas hacia arriba. La primera de estas fuerzas, el peso, depende de la densidad del objeto que se trate; la segunda, de la densidad del agua; y la tercera es función tanto de la densidad del agua como de la velocidad con la que se desplaza la esfera en el seno de la misma. Aplicando la segunda ley de Newton, y con ayuda del cálculo integral, se encuentra que la profundidad de descenso depende en forma logarítmica de la altura desde la que se deja caer el cuerpo en el aire y de la diferencia entre las densidades del cuerpo y el agua. Y ésta es la clave del asunto. Nuestro objeto en cuestión es un iceberg, cuya densidad es sólo ligeramente inferior a la del agua (un 8 %, aproximadamente). Según esto, hacer que el hielo se hunda a una gran profundidad es tarea para un superhéroe. Para verlo más claro, os daré unas cifras. Si dejamos caer desde 10 metros de altura un bloque esférico de hielo de 2 metros de radio, la profundidad a la que llegaría al sumergirse sería de tan sólo unos 18 metros. Para alcanzar los 600 pies, que son unos 200 metros en números redondos (como se afirma en la película), el bloque debería precipitarse desde una altura de unos cien mil millones de kilómetros. ¡Prácticamente 20 veces la distancia de la Tierra a Neptuno!

17. Mellizos, casualidades e hiperespacio

Cuando pensamos que el día de mañana nunca llegará,
ya se ha convertido en el ayer.

Henry Ford

Año 19 antes de la batalla de Yavin. En la remota colonia de asteroides de Polis Massa, una agonizante Padmé Amidala da a luz a dos mellizos: un niño de nombre Luke y una niña conocida por Leia. Una vez fallecida su madre, el anciano jedi Yoda propone separar a los dos mellizos con objeto de impedir que los malvados sith los encuentren. El senador Bail Organa adopta a Leia y se la lleva al planeta Alderaan, mientras que Obi-Wan entrega a Luke a Owen Lars y su mujer, quienes se hacen cargo del niño en el planeta Tatooine.

Seguro que estas líneas os traerán unos increíbles recuerdos sobre una de las sagas más míticas en la historia de la ciencia ficción. Se trata de *La guerra de las galaxias* (*Star Wars*, 1977), un conjunto de seis películas que llegaron hasta nuestras entonces tristes vidas en forma de dos trilogías separadas por veinte largos años y que, además, no estaban narradas en orden cronológico ya que la primera de ellas relataba aventuras y desventuras posteriores en el tiempo a las que tenían lugar durante la segunda.

En estos momentos, mientras preparo la redacción de estas líneas, estoy leyendo en *Star Wars: la guía definitiva* que, hace mucho, mucho tiempo en una galaxia muy, muy lejana y con un diámetro que supera los 100.000 años luz, [...] «hay más de un millón de astros habitados: mundos helados, volcánicos, desérticos, lunas selváticas e incluso ciudades planeta. La invención de la hiperpropulsión, hace unos 25.000 años, unió a los miles de especies inteligentes de la galaxia, hasta entonces aisladas, lo cual dio lugar a la creación de la República Galáctica». En esa misma página se puede ver un mapa precioso de la gala-

Star Wars, Leia y Luke, mellizos y sin embargo, a punto de besarse.

xia en cuestión, con todos los mundos de la mítica saga representados y, asimismo, las rutas comerciales establecidas por los exploradores galácticos que habían arriesgado sus vidas para descubrir trayectorias estables por el hiperespacio que permitieran el comercio entre sistemas distantes, evitando colisiones mortales con objetos en el espacio físico. Y, claro, yo leo esto y enseguida se me revuelven los midiclorianos y me asalta una pregunta: ¿qué narices será el hiperespacio? Como soy un auténtico cenutrio ignorante, me voy a la Wikipedia y leo que es una especie de región de nuestro universo que se puede utilizar como atajo a la hora de viajar a lo largo de grandes distancias interestelares para desplazarse más rápido que la luz. La verdad es que sigo más o menos igual de perplejo y me pongo a imaginar. ¿Será el hiperespacio una especie de mapa en el que las distancias entre dos puntos son muy pequeñitas y si viajo por el mapa rápidamente aparezco en el punto de destino real, una vez que salgo del hiperespacio? Sí, debe de ser algo parecido. Bueno, vale, me conformo. Aunque si me paro un poco a meditarlo, se me ocurre que si ese supuesto mapa no es fácilmente interpretable, un pequeño error de cálculo me podría llevar a miles de millones de kilómetros del lugar deseado. Menudo miedo. ¿Será por eso que los primeros exploradores de la galaxia dieron sus vidas en la búsqueda de rutas hiperespaciales seguras? En fin, confiaré en ellos y seguiré un poco más adelante. Pienso ahora en mis rudimentarios conocimientos sobre la teoría especial de la relatividad de Einstein. Siempre he oído hablar, discutir o argumentar sobre la conocida «paradoja de los gemelos». Como casi todos los libros la explican de la misma manera, a mí se me ocurre pensar en algo un poco diferente. Si es válida para los gemelos, ¿lo será también para los mellizos? ¿Qué tal les habría ido a los hermanos Luke y Leia si nadie hubiese descubierto el hiperespacio hace tantos y tantos miles de años? ¿Y, sobre todo, por qué si esto sucedió hace tanto tiempo, aquí en la Tierra nadie lo sabe? Quizá es que los tripulantes de los ovnis son en realidad tipos como esos, sith o jedi, que se pierden por el hiperespacio y no saben muy bien por donde andan. Mira que si el mapa éste se les ha arrugado y ahora no encuentran el camino de vuelta...

Bien, procedo a echar mano de una regla y medir la distancia entre Polis Massa y Tatooine en el dibujo tan bonito que os dije antes. Resulta que me salen casi 40.000 años luz. Y si hago lo mismo con Alderaan, pues unos 52.000. Voy a suponer que Obi-Wan emprende su viaje en el mismo instante en que lo hace el senador Organa llevando consigo a Leia. A fuerza de no ser demasiado cruel con los bebés, supondré que las naves en las que viajan están dotadas de sistemas biberónicos criogenizados y computerizados. Si sigo con mi suposición de que el hiperespacio es una leyenda urbano-planetaria como otra cualquiera y me imagino que el tiempo de viaje programado por Obi-Wan es de una semana (cuando hable a partir de ahora de tiempos, lo haré según mi escala terrícola, para que podamos entendernos), las ecuaciones de las transformaciones de Lorentz me dicen que la velocidad a la que debe moverse constantemente la nave interestelar debe ser aproximadamente del 99,99999999999 % de la velocidad de la luz. O lo que es lo mismo, la distancia que deberían recorrer si la midiesen ellos sería la fracción 2.235.720 de los 40.000 años luz que mediría un observador situado en Polis Massa, el punto de origen del viaje. Por otro lado, si el senador Organa no quisiese que las edades de los niños fuesen muy diferentes al llegar a sus respectivos planetas de destino, debería elegir cuidadosamente la velocidad a la que hacer el viaje a Alderaan. Así, si la velocidad escogida fuese la misma que la de la nave con Luke a bordo, el tiempo transcurrido sería de 8,5 días, es decir, los mellizos tendrían una diferencia de edades de 1,5 días. Nada que no puedan arreglar un par de trenzas en forma espiral y un poco de maquillaje y lápiz de labios. Ahora bien, ¿y si el senador Organa, como buen político y, por tanto, probablemente poco versado en física, no hubiese sido consciente de semejante circunstancia y hubiese programado en el navegador de su nave una velocidad diferente? ¿Y si ésta hubiese sido el 99,9999999999 % (un 9 decimal menos que antes) de la de la luz? Pues resultaría que el desfase entre los mellizos sería ahora de 15 días. Todavía no demasiado preocupante. A medida que se van quitando nueves decimales de la velocidad se van obteniendo diferencias de edad más y más grandes. Primero de 63 días (más de dos meses); luego de más de 7 meses; casi 2 años; algo más de 6 años; casi 20 años y, por último, para una velocidad del 99,9999 % de la de la luz, Leia sería casi 62 años mayor que su hermano mellizo. ¿Se habrán acordado de llevar pañales a bordo?

Confiaré más en la intuición y sabiduría de Obi-Wan y supondré que él sí advirtió al senador Organa antes del inicio del periplo interestelar. Así, puede que en sus planetas de destino, los dos mellizos sean prácticamente iguales en edad. Pero ahora me planteo lo siguiente: después de que las tropas imperiales maten al tío Owen y a su esposa, Luke decide unirse a la rebelión viajando en el *Halcón Milenario* y, por su parte, Leia se dedica a sus misiones diplomáticas viajando de sistema en sistema para, finalmente, encontrarse de nuevo cerca de Yavin, donde tiene lugar la batalla definitiva en la que la *Estrella de la Muerte* es destruida; pues bien, ¿cómo es que siguen pareciendo tener la misma edad, aunque ellos no sepan que son hermanos? La distancia entre Yavin y Tatooine es de 45.000 años luz, mientras que entre Yavin y Alderaan es de sólo 25.000 años luz. Durante todos esos viajes, deberían de haber ajustado muy precisamente sus velocidades para que, posteriormente, sus relojes biológicos continuasen estando de acuerdo. ¿Quién eligió esas velocidades y cómo lo hizo? Me quedo con dos sospechosos: el afable espíritu de Obi-Wan o el pequeñajo, orejudo y verdoso maestro Yoda.

Halcón Milenario, la nave de Han Solo y su compañero el *wookiee* Chewbacca en *Star Wars,* es capaz de saltar al hiperespacio.

Después de todo, cuando algo no tiene explicación científica, siempre queda la Fuerza para resolver el enigma...

¿Seguís confiando en la Fuerza? Pues vale, ahí va esto como remate. Algún tiempo después de la batalla de Yavin, nuestro joven amigo Luke Skywalker siente la llamada de la selva y viaja al planeta Dagobah para recibir su formación como caballero jedi. Con ésta aún sin completar, recibe una visión de sus amigos en peligro y emprende el viaje hasta Bespin, donde el traidor Lando Calrissian les ha preparado un buen recibimiento, pero antes le promete a Yoda que volverá para terminar lo que empezó. Teniendo en cuenta que la distancia entre Bespin y Dagobah es de casi 18.000 años luz, me temo que, para cuando Luke regrese, el anciano Yoda estará bastante más arrugado. Menos mal que existe el hiperespacio...

18. Con el núcleo hemos topado, amigo fotón

En la vida hay tres clases de personas:
los que saben contar y los que no.

Homer Simpson

«El Sol se muere [...]. La Tierra sufre un invierno solar.» De esta sugerente manera principia el filme *Sunshine* (2007). La verdad es que el comienzo es muy prometedor, aunque nada nuevo, ya que temas similares han sido tratados en otras películas como *Crisis solar* (*Solar Crisis*, 1990) y *Supernova* (2005), por citar un par de ellas. La acción se desarrolla en un futuro no demasiado lejano donde, por ejemplo, el edificio de la ópera de Sidney aún se mantiene en pie, a pesar de nuestro poco cuidado con la preservación de las construcciones emblemáticas en las películas de ciencia ficción cuya acción se desarrolla en un tiempo por venir. Siete años después de la partida de la nave Icarus 1, desaparecida durante su misión de reactivar el núcleo del Sol, parte la Icarus 2. Parece que no era muy urgente la salvación del planeta, ya que no se construyeron las dos naves simultáneamente, como ocurre con el artilugio generador de agujeros de gusano que se muestra en el filme *Contact* (1997). A bordo, ocho tripulantes (¿no os recuerda a la auténtica obra maestra *Alien, el octavo pasajero*?) con una misión que cumplir de casi cuatro años de duración. La nave Icarus 2 también parece tener un asesor electrónico llamado Icarus que, a su vez, recuerda a Madre, el ordenador de a bordo de la maravillosa Nostromo. La misión consiste, ni más ni menos, en llegar al Sol y liberar en su centro una carga explosiva que contiene «todos los materiales fisibles de la Tierra», tal y como afirma Capa, el físico de la misión y la persona más cualificada para tomar según qué decisiones a bordo (¿alguien lo ponía en duda?). Una vez soltada la bomba, los tripulantes disponen únicamente de cuatro minutos para salir de allí cual alma que lleva el diablo.

Sunshine. Cartel de la película dirigida por Danny Boyle en 2007, que plantea la muerte del Sol, y por tanto de la humanidad.

«Después de esos cuatro minutos se encienden los propulsores. En ese momento, la bomba se introduce por el agujero coronal del Polo Sur solar por una apertura del campo magnético. Temperatura: 37.000 grados [...]. Entre los propulsores y la gravedad del Sol, la velocidad de la bomba será tan alta que el espacio y el tiempo se entremezclarán.»

¿No resulta extrañamente familiar el asunto de arreglar los grandes problemas de la humanidad a base de bombazos a mansalva? Y creo recordar que casi nunca servía de nada y eso a pesar de que, seguramente, poseemos un arsenal en absoluto despreciable. Pero nada, erre que erre. Encima, en esta ocasión, se han dilapidado todos los materiales fisibles (es decir, susceptibles de sufrir fisión nuclear) que había sobre la faz de nuestro moribundo planeta. ¿Qué llevaría entonces a bordo la primera nave, la Icarus 1? ¿Todos los materiales «risibles» (es decir, susceptibles de dar risa) de la Tierra? ¿Fracasaría porque se les destapó la caja contenedora y empezaron a desternillarse de risa todos los tripulantes? En fin, queridos lectores, me perdonaréis este peculiar sentido del humor en este capítulo, pero es que desde que vi *El núcleo* (*The Core*, 2003), no había asistido a otro espectáculo semejante de errores, inconsistencias y despropósitos científicos (no juzgo la película en otro sentido, pues eso compete a otros más cualificados). Entre ellos, los clásicos de toda la vida como son el sonido de la nave en el espacio o la aparente y mágica presencia de gravedad en el interior de la nave sin que ésta ejecute un movimiento de rotación. Ya en el minuto cuatro de película, se ve al tripulante chino (Trey) cocinando en un bol una deliciosa receta, muy apta para una dieta en el espacio (¿para qué se gastarán millones de dólares y euros la NASA y la ESA en investigación?). Y en este momento, me viene a la mente la misma cuestión que en *El núcleo*, a saber: ¿por qué se envía a misiones tan peligrosas una nave tripulada? Más tarde (minuto 17) nuestros héroes se encuentran con la nave de la primera misión, la Icarus 1, y el capitán Kaneda se dirige al ordenador de a bordo en los siguientes términos:

«Icarus, calcula nuestra trayectoria siguiendo la asistencia gravitatoria alrededor de Mercurio [...]. Ahora calcula la posición de la baliza de la Icarus 1».

Para poder dirigirse a la nave a la deriva, la Icarus 2 debe modificar su trayectoria y, en lugar de hacer los cálculos el computador, Trey (el chino cocinero) dice:

«Para cambiar la trayectoria he tenido que usar el control manual. Yo mismo he hecho los cálculos».

Este tipo es un fenómeno. ¿Se habrá puesto alguna vez a calcular realmente una órbita, aunque sea muy sencilla? Sinceramente, dudo que nadie lo haya intentado con papel y lápiz, a no ser que su tiempo de ocio sea comparable a la edad de una tortuga gigante de Galápagos. Como no podía ser de otra manera, las consecuencias de semejante hazaña no os las voy a contar, para no destriparos excesivamente la emoción. Pero no me negaréis que la contradicción es manifiesta, escandalosa y capaz de ruborizar al más crédulo. Vale, vale, me diréis que ya me estoy excediendo y tenéis razón. Esas cosas las hacen los guionistas para no estropear el dramatismo. De acuerdo. Pero es que hoy me siento guerrero, y eso que todavía no he empezado con el capítulo propiamente dicho.

Bien. Allá voy. Antes de nada, una pregunta nimia: ¿cuál es la razón por la que se muere el Sol? En la película no se dice nada en absoluto acerca de esto. Así que (se aceptan sugerencias) supondré que el motivo se debe a que nuestra estrella ha agotado su combustible, el cual está constituido principalmente por hidrógeno. El Sol ha estado consumiendo núcleos de átomos de hidrógeno durante los últimos 4.500 millones de años a un ritmo aproximado de 100 billones de billones de billones cada segundo. Para hacer esto, el hidrógeno sufre un proceso denominado fusión nuclear, durante el cual núcleos de átomos ligeros se unen para formar otros más pesados, liberando una cantidad enorme de energía, según la célebre ecuación de Einstein que relaciona la energía con la masa y el cuadrado de la velocidad de la luz. Siguiendo las teorías establecidas y actualmente aceptadas de la evolución estelar, al Sol aún le queda combustible para otros 5.000 millones de años. Resulta entonces que la premisa en que se basa *Sunshine* es bastante improbable, por no decir ostentosamente absurda o imposible. Pero esto no es lo peor. Aunque diésemos por cierto que, efectivamente, el Sol ha consumido casi todo su hidrógeno y éste se haya transformado, a su vez, en helio (como afirma también la teoría de la evolución estelar), debería ocurrir una contracción del núcleo del Sol que fuese capaz de elevar la temperatura del mismo hasta alcanzar la necesaria para que tuviese lugar la fusión del helio (esta temperatura resulta ser mucho más elevada que la del hidrógeno). Como este proceso es muy violento, lo que hace la estrella es aumentar su luminosidad de forma relativamente repentina (según una escala de tiempos estelar). Este aumento en el brillo aparente del Sol iría acompañado de una expansión descomunal de las capas que rodean el núcleo, hasta tal punto que la superficie solar engulliría a Mercurio y Venus, y alcanzaría incluso la órbita de la Tierra, reduciéndonos a carboncillos humeantes. A esta fase de la evolución de las estrellas se la conoce como «fase de gigante roja». Durante la misma, se expulsa gran cantidad de materia de las capas externas de la estrella. Al final, dependiendo de la masa original de la estrella (la que tenía al nacer), se irá apagando y enfriando paulatinamente hasta convertirse en una enana blanca. Estrellas de masas mayores pueden terminar sus días como estrellas de neutrones o púlsares e incluso agujeros negros. Pero nuestro Sol acabará irremisiblemente sus días como una vulgar y poco atractiva enana blanca.

Los acérrimos defensores de los guionistas estaréis tentados de justificar el argumento diciendo que es posible que nuestros modelos teóricos sobre evolución estelar puedan estar profundamente equivocados. Al fin y al cabo, los fenómenos astrofísicos suelen ser muy difíciles de simular en un laboratorio terrestre, por no decir imposible. Así que supongamos que esto es cierto y que el Sol es mucho más anciano y decrépito de lo que suponemos, que el rollo patatero de la gigante roja es mentira y que la órbita terrestre no se ve churruscada por la expansión estelar. Ahora bien, ¿qué efectos produciría una enorme bomba de fisión colocada en el centro del Sol? Pues, aunque me cueste mucho reconocerlo, no tengo ni la más remota idea. ¿Alguien me puede socorrer? A pesar de esto, se puede avanzar algo más en el razonamiento. Para un científico, lo importante es tener siempre varias alternativas a la hora de solucionar un problema. La luz que recibimos en la Tierra procedente del Sol, viene en forma de fotones. Estos fotones se producen en el centro del Sol y son el resultado de la fusión nuclear que allí tiene lugar. Pero estos mismos fotones deben viajar hasta la superficie de nuestra estrella, para luego realizar su viaje hacia la Tierra, donde los recibimos con los brazos abiertos unos 8 minutos después de abandonar la superficie solar. Y aquí surge la dificultad. Debido a la enorme densidad que tiene el núcleo del Sol, estos fotones chocan constante-

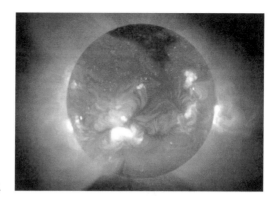

Imagen del Sol en rayos X.

mente con otras partículas, recorriendo por término medio unos 2 cm entre cada dos colisiones consecutivas y experimentando entre 1 billón y 10 billones de ellas hasta alcanzar, finalmente, la fotosfera. Esta distancia recorrida por los fotones se denomina recorrido libre medio. Teniendo en cuenta que el radio del Sol es de unos 700.000 km, es relativamente sencillo determinar que el tiempo necesario para que en la Tierra nos enterásemos de que la misión de la Icarus 2 ha tenido éxito estaría comprendido entre 100.000 y un millón de años. Al principio de la película, Capa envía un mensaje a su familia en el que les dice lo siguiente:

«Sabréis que hemos tenido éxito unos 8 minutos después de haber depositado la bomba. Recordad: la luz tarda 8 minutos en llegar desde el Sol a la Tierra. Lo único que tendréis que hacer es buscar un ligero aumento del brillo en el cielo. Si una mañana os despertáis y hace un día particularmente hermoso, lo habremos logrado».

Este monólogo me recuerda el chiste ése de «os traigo dos noticias: una buena y otra mala, ¿cuál queréis primero?». Yo comenzaré por la buena. Efectivamente, la luz de la superficie del Sol tarda 8 minutos aproximadamente en alcanzar la superficie de la Tierra. ¡Correcto! ¡Bien por el físico de la misión! Ay, pero la noticia mala es que los fotones creados en el centro del astro rey deben llegar hasta la superficie y ello les llevará un buen rato. Largo invierno solar nos espera...¡Abrigaos!

19. La vuelta al Sol en -109.500 y pico días

También el tonto tiene a veces inteligentes pensamientos,
sólo que no se entera.

Danny Kaye

Contarán los historiadores del futuro que allá por la fecha estelar 8031 del siglo XXIII, el almirante James T. Kirk y su inseparable tripulación de la *Enterprise* se vieron obligados a abandonarla y apoderarse de una nave de combate *Klingon* para poder regresar a la Tierra. De súbito, reciben una transmisión proveniente de nuestro planeta y se enteran de que una inteligencia alienígena desconocida está emitiendo un mensaje que, de forma no intencionada, está acabando con el agua de los océanos y con la atmósfera. Poniendo cerebros a la obra, el indescriptible «orejas puntiagudas» Spock descubre que el mensaje alienígena está codificado en el lenguaje de las ballenas grises (extintas en el lejano siglo XXI). Algo que se antoja cuando menos chocante, ya que en la misma escena reconoce que éstas sólo han habitado el planeta Tierra. ¿Cómo conocen entonces los alienígenas su lenguaje?

Dejando de lado esta nimiedad (sobre todo si eres fan de Star Trek), sigamos un poco más adelante en el desarrollo de la trama. Azuzado por el brillante descubrimiento de Spock, el almirante Kirk estruja su zumo cerebral y propone la audaz idea de realizar un viaje en el tiempo para retroceder hasta finales del siglo XX, capturar una ballena gris y embarcarla a bordo con destino al futuro, donde poder comunicarse con los traviesos alienígenas que están acabando con la vida en nuestro planeta. El plan de Kirk no es otro que aproximarse al Sol a toda velocidad (bueno, casi toda) para poder acelerar al dar la vuelta por el otro lado del astro rey. ¡Hala, ya la hemos liado! Ni corto ni perezoso, ordena al señor Sulu que pilote la nave *Klingon* rumbo al Sol. El señor Sulu, obediente y eficaz donde los haya, ejecuta la orden a la perfec-

Mr. Spock, uno de
los personajes
principales de la
serie de televisión
Star Trek, realizando
su famoso saludo.

ción. Parsimoniosamente va pregonando las velocidades adquiridas paulatinamente: «warp 1..., warp 2..., warp 3..., warp 9,2..., warp 9,3..., warp 9,7..., warp 9,8...», y ¡zas! Vueltecita alrededor de nuestra estrella de la mañana y enfilando de nuevo hacia la Tierra del pasado, del pasado de moda siglo XX. Hasta aquí la ficción. A partir de ahora, la ciencia. ¡Agarraos!

Cuenta la teoría de la relatividad de Einstein que un cuerpo con masa distinta de cero jamás podrá acelerar hasta alcanzar la velocidad de la luz en el vacío. Pero no dice nada en absoluto acerca de la existencia de objetos que sean creados ya desplazándose por encima de ese límite. Estos objetos pueden ser los célebres taquiones, partículas que se desplazan a velocidades supralumínicas y que jamás pueden moverse a velocidades inferiores a la de la luz en el espacio vacío. Nuestros protagonistas de Star Trek se saltan estas leyes, ya que, desde el año 2063, las naves que pululan por la serie son capaces de viajar a velocidades tremebundas utilizando el motor warp inventado por Cochrane. Tradicionalmente, se suele utilizar el factor warp para calcular la velocidad en relación a la de la luz. Así, se determina que si el factor warp se eleva al cubo ese valor obtenido es el número de veces que la velocidad es mayor que la de la luz. Por ejemplo, warp 1 es igual a la velocidad de la luz, warp 2 es 8 veces esa cantidad, warp 3 quiere decir 27 y así, sucesivamente. Tengo que decir que, en honor a la verdad, este método no coincide con las frases que se pueden escuchar, en ocasiones, en la serie original de Star Trek. Esto trajo como consecuencia que se elaboraran otros modelos para determinar las velocidades. En concreto, existe uno debido a Michael Okuda, que consiste en elevar el factor warp a la potencia 10/3, siempre y cuando el factor warp sea menor que 9; para valores mayores, ese exponente va creciendo paulatinamente hasta que se hace infinita la velocidad para un factor warp igual a 10. ¿Para qué querrá alguien moverse a velocidad infinita? Se me ocurren cosas terribles, oscuros pensamientos que no puedo compartir con nadie.

Todo lo anterior viene a cuento porque el pájaro de presa *Klingon* utilizado para viajar al pasado acelera hasta warp 9,8, aproximadamente. Según el criterio de Okuda, esto significa que se mueve a una velocidad cercana a las 3.000 veces la velocidad de la luz en el vacío, o sea, más o menos a 900 millones de km/s. ¿Qué extraño fenómeno le ocurre a una nave espacial que es capaz de acelerar hasta semejante velocidad y, sin embargo, necesita ser acelerada por el Sol? ¿Para qué quieren superar esa increíble velocidad? Volvamos un instante a los taquiones. Una hipotética partícula que superase la velocidad de la luz se comportaría a nuestros ojos de una forma cuando menos peculiar. Imaginad un ser alienígena que estuviese hecho de materia taquiónica y se acercase hacia vosotros. Resulta que podría atacaros antes de que lo vierais ya que os alcanzaría antes de que lo vieseis acercarse en su nave (si es que la necesita). Luego, desde vuestro punto de vista, un ser supralumínico parecería viajar hacia atrás en el tiempo y siempre presenciaríais el efecto antes que la causa. ¿Será esto lo que está pensando en su clarividente mente el almirante Kirk? ¿Desplazarse a mayor velocidad que la luz para viajar en el tiempo hacia el pasado? Lo dudo, porque su nave, antes de pasar por detrás del Sol, ya se desplaza a 3.000 veces la velocidad de la luz.

Por otra parte, prestemos un poco de atención al asunto de querer «coger velocidad» rodeando un cuerpo celeste. Este efecto, denominado asistencia u honda gravitatoria, es real y es muy utilizado por las agencias espaciales para acortar el tiempo de viaje y el gasto de combustible de las sondas interplanetarias, aunque puede servir asimismo para frenarlas. Consiste en enviar éstas de tal forma que se aproveche el campo gravitatorio de un planeta u otro cuerpo similar (en las referencias se puede encontrar un simulador muy interesante) para modificar su velocidad. Habitualmente, esto se consigue, de forma práctica, encendiendo los motores al abandonar el planeta de origen, tras lo cual se apagan y se viaja hasta el planeta de destino, utilizando los motores únicamente para efectuar correcciones de la velocidad. En otras ocasiones, puede hacerse uso del sistema de propulsión de la nave para incrementar aún más la velocidad de ésta. El fundamento físico de esto se basa en la teoría de colisiones. En física, una colisión entre dos cuerpos es toda aquella interacción en la que interviene una fuerza mucho mayor que el resto. Esta definición permite, por sí misma, que exista colisión sin que haya contacto físico necesariamente (como ocurre con dos bolas de billar, por ejemplo). Así, la interacción que tiene lugar entre dos electrones que pasen el uno muy cerca del otro, se considera también una colisión, ya que la fuerza de repulsión eléctrica entre ellos es mucho mayor que su atracción gravitatoria mutua (y siempre que no haya otras fuerzas involucradas). Las

Nave *Klingon*, de *Star Trek*. Estas naves aceleran hasta velocidades vertiginosas, conmesurables con el factor warp 9,8, velocidad cercana a 3.000 veces la velocidad de la luz.

sondas espaciales que solemos enviar los terrícolas suelen tener como destinos otros planetas de nuestro sistema solar o sus satélites respectivos. Como todos estos cuerpos están sujetos a la atracción gravitatoria del Sol, siempre se persigue el objetivo de ganar velocidad con respecto a nuestra estrella ya que cualquier objeto lanzado al espacio y que no supere la velocidad de escape del Sol acabará atrapado en el sistema solar y describirá una órbita alrededor de él. En alguna ocasión particular se puede expulsar fuera del sistema solar la sonda, haciendo que experimente varias asistencias gravitacionales con las que superar la velocidad de escape del Sol (recordad que ésta depende de la distancia a la estrella, siendo menor cuanto más alejada esté la sonda).

En la película no se pretende abandonar el sistema solar, sino «regresar» a la Tierra del siglo xx. Por lo tanto, yo supongo que el objetivo es acelerar la nave *Klingon* y aumentar su velocidad respecto a la Tierra y no respecto al Sol. Esto último no podría llevarse a cabo utilizando al Sol mismo como «asistente gravitacional», ya que su velocidad en un sistema de referencia en el que se expresan las velocidades respecto a él mismo sería nula y, consecuentemente, la velocidad de la nave no se vería modificada en ese sistema de referencia.

Regresando al asunto de las colisiones, en el caso que nos ocupa, los dos cuerpos que «colisionan» son, pues, la nave espacial *Klingon* y el Sol. En toda colisión se cumple el principio de conservación del momento lineal. Si, además, durante la interacción, no se modifica la energía cinética total de los dos cuerpos, entonces la colisión se dice que es elástica. Para simplificar el análisis, supondré que éste es el caso que nos ocupa y también consideraré que el choque es unidimensional, es decir, que tanto la nave de nuestros amigos como el propio Sol se mueven en la misma dirección (que no en el mismo sentido). Pues bien, resulta que si uno aplica estas dos leyes (conservación del momento lineal y de la energía cinética) llega a la conclusión de que las velocidades relativas de ambos cuerpos (siempre medidas respecto a la Tierra) deben ser idénticas (en valor absoluto) antes y después de la

118 | SERGIO L. PALACIOS

colisión. Esto siempre es así cuando la colisión es elástica, independientemente de las masas de los cuerpos que interaccionan. ¿Qué significa esto? Pues que si restamos las velocidades de la nave y del Sol antes de la colisión nos tiene que dar el mismo valor que si las restamos después de que la nave ha pasado por detrás del Sol y enfila de nuevo rumbo a la Tierra. Como la masa del Sol es muchísimo mayor que la de la nave, no se comete apenas error al considerar que éste no modifica su velocidad después de la aventura. Por tanto, la nueva velocidad de la nave será la que tenía al principio pero incrementada en un valor que es el doble de la velocidad del Sol. ¿Y esto cuánto es?, ¿mucho o poco? La velocidad del Sol con respecto a la Tierra es igual pero opuesta que la de la Tierra respecto a aquél. Como la trayectoria que sigue nuestro planeta es prácticamente circular, con un radio de unos 150 millones de kilómetros, y tarda algo más de 365 días en completarla, esa velocidad resulta ser de casi 30 km/s, que multiplicada por 2 asciende a la increíble velocidad de 60 km/s. Como la nave de nuestros salvadores se desplazaba inicialmente a 900.000.000 km/s, después de rodear el Sol habrán acelerado, sin encender los motores, hasta nada menos que 900.000.060 km/s. Esto constituye un 0,0000066 % de ganancia. O muy inescrutables son las leyes físicas que rigen el mundo de las velocidades warp superiores a 9,8 o yo creo que es demasiado riesgo para tan insignificante recompensa. Por otro lado, también puedo ser un ignorante y despreciable ente ultra antineutrónico de otra subdimensión magnética alternativa que se polariza de forma hipercrítica en un universo dextrógiro y ribonucleico. Vete tú a saber...

20. Gomavol en el hipermercado, gomavol en el ultramarino

Todos los órganos humanos se cansan alguna vez, salvo la lengua.

Konrad Adenauer

«Sí, Charly. Lo conseguimos. Sube y baja. Baja y sube cada vez más alto. ¿Sabes lo que significa? Sólo una cosa: que libera su propia energía. ¿Y sabes lo que quiere decir eso? Que hemos descubierto una nueva energía, una nueva clase de energía.»

De esta manera tan entusiasta describe su descubrimiento el profesor Brainard (*brain*, en inglés, significa cerebro) tras una tremenda explosión en su laboratorio, que le priva por tercera vez de su matrimonio con su prometida Betsy. El párrafo corresponde a una de mis películas favoritas durante mi infancia. Se trata de *Un sabio en las nubes* (*The Absent-Minded Professor*), producida en 1961 por la prolífica compañía Disney y protagonizada por el impresionante Fred MacMurray, que contribuyó no poco a la estereotipada imagen del genio despistado y olvidadizo. Tras cosechar un gran éxito, dos años más tarde se estrenó una secuela titulada *El sabio en apuros* (*Son of Flubber*, 1963), pero que no aportó nada nuevo a la versión original. Muchos años después, en 1997, se estrenaría un *remake* que recibiría en España el título de *Flubber y el profesor chiflado* (*Flubber* a secas en la versión original inglesa) y que estaría protagonizado por uno de los actores cómicos más populares de la época: Robin Williams. Ni qué decir tiene que lo único destacable de esta película son sus efectos especiales y algún que otro chiste. Pero nada que ver con la versión de 1961, que sigo recordando tanto tiempo después y que he vuelto a ver recientemente. La trama es muy simple. El profesor Brainard inventa una sustancia, que bautizará con el nombre de «gomavol» (en la versión española), que es una contracción de las palabras «goma» y «voladora». Las palabras correspondientes en inglés son *rubber* y *flying*, que juntas (pero en orden inverso, como hacen los ingleses) forman la palabra *flubber*. Esta sustancia presenta propiedades elásticas fuera de lo común, tal y como afirma el profesor en el párrafo con el que comencé el capítulo, ya que dejándola caer desde una cierta altura y sin impulso inicial alguno, la gomavol es capaz de rebotar y elevarse a una altura superior. En palabras del propio inventor:

> «Descubierta la sustancia X. En apariencia, responde a los requerimientos clásicos de un compuesto inestable, pero cuya acción es distinta y no clásica. Hipótesis: la aplicación de una fuerza externa que provoca un cambio molecular liberando energía de tipo hasta ahora desconocido».

Como todo buen inventor norteamericano, intenta sacarle una aplicación práctica y no se le ocurre otra cosa que controlar la irrefrenable inercia de la sustancia. Para ello, decide bombardearla con rayos gamma (los mismos que transformaron a Bruce Banner en Hulk) y así hacerla subir y bajar a voluntad. Si se quiere hacer levitar un objeto ligero, se inyectan pocos rayos. Por el contrario, si se desea elevar un objeto pesado y voluminoso, se inyectan muchos. Brainard lo tiene claro:

> «El peso no tiene importancia. Basta con poner más rayos gamma».

Otra aplicación ingeniosa que se le ocurre para su invento consiste en adherir la sustancia en cuestión a las zapatillas de los jugadores de baloncesto del equipo de su universidad (unos auténticos zotes) para

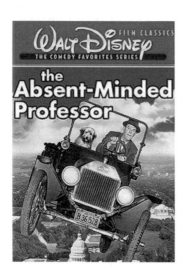

Un sabio en las nubes.
Película infantil de 1961,
que contribuyó a crear el
estereotipo del genio despistado
y con pésima memoria.

ayudarles a saltar más alto. Y aquí se produce uno de los momentos más graciosos de la película, cuando consiguen remontar un partido que perdían en el descanso por una diferencia astronómica. Lo único que no queda claro es cómo consiguen detenerse en el suelo una vez iniciado el primer salto, ya que la gomavol tiene, según su inventor, la capacidad de liberar su propia energía. En fin, supongo que no los bombardeará con rayos gamma para hacerlos bajar. No me imagino un equipo de cinco Hulks jugando al baloncesto contra otros cinco tiernecitos estudiantes universitarios.

Bien, entonces, cómo puede funcionar la gomavol. ¿Es posible que un cuerpo caiga al suelo, rebote y suba más alto sin darle un impulso inicial? Hummm, no sé qué pensar. Veamos lo que dice el profesor Brainard:

«Como todas las cosas que parecen complicadas, fue de lo más sencillo. Verás, yo pensaba siempre que debía emplear fuerza magnética cuando, en realidad, se trataba de fuerza de repulsión. Es una tontería, pero uno se deja arrastrar por ciertas ideas».

¡Aaajá! Ahora voy empezando a comprender. No se trata de fuerza magnética, sino de repulsión. Este profesor universitario anda un tanto despistado. ¿Será que nunca ha visto dos imanes enfrentados por sus polos norte o sur? A ver, a ver, sigamos escuchándole sus explicaciones.

«La aplicación de una energía térmica a dos compuestos previamente incompatibles produjo la combustión. Fusión a altas temperaturas y liberación de gases explosivos acompañada de un residuo».

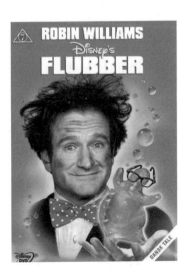

Flubber y el profesor chiflado.
Versión de 1997 de *Un sabio en las nubes*, protagonizada por Robin Williams, con escasos aportes respecto a la primera versión.

Esto se parece horrores a hacer el amor. ¿No pensáis lo mismo? Anda, termina la explicación, a ver si consigo entender algo...

«Ni en los sueños más fantásticos pensé hallar un compuesto metaestable cuya configuración molecular fuera tal que la liberación de pequeñas partículas de energía desencadenara un cambio en su configuración. Este cambio en la configuración libera cantidades enormes de energía, pero ésta actúa solamente en dirección a la fuerza que provoca el cambio molecular. Por eso se llama energía repulsiva. Y por extraño que parezca, el efecto total es transitorio y, al cesar la aplicación de la energía externa, las partículas elementales vuelven al estado de pseudoequilibrio. ¿No es maravilloso?»

Ciertamente, resulta maravilloso que algo así funcione. ¡Enhorabuena, profesor Brainard!

Hasta aquí la guasa cienciaficcionera. Aunque creo que me he extendido mucho más de lo que parecería recomendable, tengo la sensación de que merecía la pena. Frases como las anteriores, aunque dichas con fines cómicos, han hecho (y siguen haciendo) bastante daño a la ciencia y a los que nos dedicamos profesionalmente a ella. Han transmitido una imagen de materia fuera del alcance de los comunes mortales, exclusiva para genios un poco chalados y absolutamente ajenos a la realidad. Esto provoca miedo a la hora de intentar comprender los fenómenos naturales del mundo que nos rodea y el miedo conduce a la ignorancia (muchas veces, lo contrario también ocurre, ciertamente). Ni la ciencia es inaccesible ni los científicos son como el profesor Brainard. En parte, soy de la opinión de que este libro nació con el propósito principal de acabar con esta idea. Vosotros, mis fieles lectores, tenéis que decir si lo he conseguido o he fracasado en mi intento. Por cierto, si os interesa el tema del papel que ha desempeñado el cine en la transmisión de una cierta imagen de los científicos, os recomiendo el libro titulado *Bad, Mad and Dangerous? The Scientist and the Cinema* y cuyo autor es Christopher Frayling. Y ahora, vamos con la lección de física de hoy, que ya es hora.

Los físicos decimos que cuando dos cuerpos colisionan entre sí, se conserva el momento lineal total de los mismos. Dependiendo de las características físicas de los dos cuerpos, se puede mantener constante también la suma de sus energías cinéticas antes y después del choque. En este caso, la colisión se llama elástica. Fue Newton el que caracterizó de forma matemática las colisiones al introducir el concepto de coeficiente de restitución. Éste se define como el cociente entre las velocidades relativas después del choque y antes del choque. La velocidad relativa es la diferencia entre las velocidades de cada objeto que colisiona. El coeficiente de restitución es un número sin dimensiones

Isaac Newton, científico, físico, filósofo, alquimista y matemático inglés, otorgó expresión matemática a las colisiones, al introducir el concepto de coeficiente de restitución.

cuyo valor siempre está comprendido entre 0 y 1. Cuando toma el valor cero, la colisión se llama perfectamente inelástica y los dos cuerpos quedan empotrados moviéndose ambos con la misma velocidad después de colisionar. El valor 1 se da en la colisión elástica. Dicho de forma más sencilla: si queremos que un objeto rebote contra el suelo y ascienda a la misma altura que desde la que lo soltamos, la colisión debe ser elástica, el coeficiente de restitución debe ser la unidad y la energía cinética total debe mantenerse constante.

Si aplicamos esto al mundo real, enseguida se da cuenta uno de que es algo imposible. Cuando una pelota cae al suelo, toda la energía que tiene es energía potencial gravitatoria que se convierte en energía cinética al contactar con tierra. Si solamente ocurriese esto, no habría problema. Tendríamos un mundo maravilloso y perfecto. Pero esto no sucede así, ya que no toda la energía potencial se transforma únicamente en cinética. Una fracción de aquélla se convierte en calor al golpear con el suelo y por rozamiento con el aire (energía térmica), otra fracción se transforma en ruido (energía acústica que percibimos como sonido al rebotar) y otra fracción se consume en deformar el suelo y la pelota (energía elástica). De estas tres formas de energía, sólo se puede recuperar la última, y ésta es precisamente la que hace que la pelota ascienda de nuevo. Cuando cesa la deformación, la energía elástica vuelve a convertirse en energía cinética y ésta, a su vez, en energía potencial gravitatoria. Pero como se ha perdido una cierta cantidad con el calor y el sonido, la consecuencia es que la nueva altura que alcanza el objeto es inferior a la inicial. Además, no os creáis que el asunto de recuperar el calor de nuevo y reutilizarlo es trivial. El mismísimo segundo principio de la termodinámica lo prohíbe. Si no fuera así, podríamos utilizar la pelota para mover el pistón del cilindro en un motor de automóvil de forma indefinida, por ejemplo, y tendríamos lo que se llama un móvil perpetuo: toda una quimera de la física.

Ahora bien, el caso de la gomavol aún es peor, pues como acabamos de ver, si toda la energía perdida se pudiese recuperar completamente, la nueva altura sería igual a la inicial, pero nunca superior. Si esto realmente sucediese, sería como admitir que el coeficiente de restitución pudiese tomar valores superiores a la unidad o, lo que es lo mismo, que la pérdida de energía en el choque fuese negativa, es decir, que en lugar de perderse energía se ganaría. La gomavol tendría más energía después de rebotar que antes. ¿De dónde saldría ese exceso de energía? Estaríamos destruyendo de un golpe uno de los pilares fundamentales sobre los que se sustenta la física: el principio de conservación de la energía. Todos tenéis experiencia del hecho de que una pelota, tras dejarla caer contra el suelo, rebota una serie de veces y, finalmente, se detiene. El número de botes sucesivos depende de la altura inicial desde la que se deja caer y del coeficiente de restitución de las colisiones. Por ejemplo, si éste tomase el valor 0,5 una pelota de 2 cm de diámetro dejada caer desde 1 m de altura, rebotaría contra el suelo apenas 4 veces antes de detenerse; 7 veces si el coeficiente de restitución fuese 0,7; 11 para 0,8; 22 para 0,9 y así, sucesivamente. Aún para un coeficiente de restitución de 0,99 que es algo muy próximo a una colisión elástica y equivale a decir que la pérdida de energía en cada bote es apenas el 2 %, el número de botes sería de 230. Me temo que la gomavol no puede existir más que en la fantasiosa mente del profesor Brainard.

Pero, a pesar de todas las pegas anteriores, voy a hacer yo de genio no despistado por un momento e intentaré darle una solución al profesor chiflado. Al mismo tiempo, os voy a proponer a vosotros un experimento muy instructivo. Coged dos pelotas, una de ellas pesada (de baloncesto es estupenda) y otra muy ligera (de tenis o de ping pong). Colocad esta última sobre la primera y, sujetando bien ambas, dejadlas caer suavemente para que no se descoloquen. Veréis que, tras rebotar contra el suelo el conjunto, la pelota pequeña asciende a una altura increíble, igual a 9 veces la altura desde la que la habéis soltado. Si lo hacéis en casa, comprobaréis que golpea esta vez el techo debido a su poca altura, pero si realizáis la experiencia en un lugar abierto o en la tienda de deportes del centro comercial de turno (como yo mismo hice recientemente) el resultado es espectacular. Tengo que confesar que no volví a encontrar la pelota de tenis, pues desapareció tras un estante y ya no la pude ver. ¡Ay, ay, ay! A mi edad y haciendo estos jueguecitos a escondidas de los dependientes. Mi mujer no daba crédito y me cayó la bronca del mes. ¡Qué incomprendidos somos los genios! Pero, vamos al grano. Esto que os acabo de contar y que personalmente he puesto en práctica a costa de un alto precio emocional, se puede demostrar con la teoría elemental de colisiones. Efectivamente, si se supone que la colisión entre las dos pelotas es elástica y que la masa de una de ellas es mucho mayor que la otra (por eso os dije que cogieseis una grande y otra pequeña), se puede probar que la velocidad de la pelota de menor masa adquiere una velocidad que es la suma de la velocidad de la pelota grande multiplicada por dos más la velocidad que llevaba inicialmente la pequeña antes de la colisión. Como las hemos dejado caer juntas, esas dos velocidades son iguales y, por tanto, es como si la velocidad de la pelota pequeña se triplicase. Al ser la energía cinética toda ella transformada en potencial y dado que la primera depende del cuadrado de la velocidad, la nueva altura a la que asciende será igual al cuadrado de 3 (o sea, 9) veces la altura inicial. Si ahora supongo que el jugador de baloncesto es la pelota pequeña, sólo necesito que la gomavol sea la que haga el papel de pelota grande, para lo cual únicamente se requiere que su masa sea mucho más grande que la del jugador. ¿Cómo se verifica esto si lo único que puedo es pegar pequeños trocitos de gomavol en las zapatillas? ¿Cómo se hace un objeto muy masivo con un tamaño muy pequeño? Ya lo tengo: la respuesta está en su densidad. Ha de ser un material muy denso. Ya estoy mucho más cerca de inventar la gomavol auténtica. ¡Elemental, querido Brainard!

21. De colores...

La gente puede tener su modelo T en cualquier color.
Siempre que ese color sea negro.

Henry Ford

Cuando se estrenó en 1956 la película *Planeta prohibido* (*Forbidden Planet*) pocos eran los que creían que el hombre podría alcanzar en tan sólo 13 años la superficie de la Luna, nuestro único satélite natural. Por ello, la voz en *off* que se escucha durante las primeras secuencias nos informa a los ya enterados espectadores que «en la última década del siglo XXI, los hombres y mujeres han conseguido poner el pie en la Luna...». ¡Menuda hazaña! Y, claro, esto nos parece tan ingenuo hoy en día que no podemos dejar de asistir al resto de la cinta con una cierta mezcla de desconfianza y asombro. Un poco más adelante, continúa la misma voz en *off*, se asegura que en el año 2200 se han alcanzado todos los planetas del sistema solar y que, más o menos por la misma época, se ha conseguido viajar a la velocidad de la luz, para superarla con creces poco tiempo después. Es en este mundo tecnológicamente súper avanzado donde se desenvuelven los protagonistas, a bordo de la nave *Planetas Unidos C-57-D*, en misión de rescate hacia el planeta Altair IV, en órbita alrededor de la estrella de la secuencia principal Altair. Al descender sobre la superficie de Altair IV, un miembro de la tripulación queda sorprendido y estupefacto ante la visión del cielo, de un extraño tono verdoso. Otro compañero le contesta inmediatamente que prefiere el azul del firmamento de la Tierra. Me centraré aquí en este tema.

Puede que muchos de vosotros, entrañables lectores, sobre todo los que poseáis una cierta afición por la lectura de ciencia divulgativa, ya conozcáis las razones profundas por las que el cielo que podemos observar desde la superficie de nuestro precioso planeta resulta de un azul espectacular. Pero yo voy a llevar la cuestión un poco más allá, si

Planeta prohibido.
Película dirigida por Fred M. Wilcox,
estrenada en 1956, trece años antes
de que el hombre llegara a la Luna.

cabe. Supongamos que, efectivamente, el cielo es azul porque bla, bla, bla... Ahora bien, ¿puede haber cielos de otros colores en otros mundos? Dicho de otra manera: ¿es el azul de nuestro cielo exclusivo del planeta en que vivimos? ¿Depende este color de la composición particular de nuestra atmósfera? A ver, ¿qué opináis ahora? ¿Cuántos sabéis la respuesta a estas preguntas? Ajá, me lo temía. Casi ninguno. Pues, hala, a leer y a disfrutar, que aún queda un rato de capítulo...

En otro de los instantes iniciales de *Planeta prohibido*, el capitán se dirige a la tripulación para darle una serie de datos físicos sobre el planeta Altair IV, en el que se disponen a aterrizar. Más o menos, en estos términos:

«Estamos entrando en la atmósfera de Altair IV. No se necesitan trajes acondicionados para tomar tierra. El contenido en oxígeno es un 4,7 más rico que el de la Tierra. La gravedad es 0,897».

De estas palabras, no resulta demasiado osado deducir que Altair IV es un planeta de tipo terrestre, no muy diferente al nuestro. Lo único que apreciaríamos al caminar por su superficie es que nuestro cuerpo sería casi un 10 % más ligero de lo habitual. Además, nos notaríamos un tanto más eufóricos y contentos debido al oxígeno extra. Ahora bien, si ambos planetas son tan parecidos (incluso en la composición de sus respectivas atmósferas), cómo es que los cielos son tan diferentes. ¿Puede cambiar el color de los mismos únicamente por una proporción ligeramente menor de oxígeno y, consecuentemente, mayor de nitrógeno?

Para aquellos de vosotros que aún no sepáis por qué el cielo de la Tierra es azul, allá voy. Los que ya lo crean saber, mejor sigan leyendo,

Fotograma de la película
Planeta prohibido, de
Fred M. Wilcox (1956).

de todas formas. Bien, se trata de entender el comportamiento que tiene la luz cuando interacciona con la materia, pues puede hacerlo de formas distintas. Ojo, que no pretendo en absoluto disertar aquí y ahora sobre el sexo de los ángeles y aburriros con un montón de conceptos, leyes y principios sobre la óptica y el electromagnetismo, cosa que, por otra parte, es la que se suele hacer con los incautos estudiantes en los cursos formales. A vosotros os lo pondré más fácil y me fijaré únicamente en los argumentos clave, expresándome con los términos más simples que sea capaz de encontrar. Todos sabemos que la luz que proviene del Sol es blanca, más o menos. Esto no es más que una impresión puramente subjetiva de nuestros ojos, que la interpretan de ese color debido a que recibimos simultáneamente y de forma superpuesta todas las longitudes de onda (colores puros) distintas. La realidad es que nuestra estrella emite luz con un rango espectral muy definido y que se parece enormemente al de un cuerpo negro que se encontrase a unos 6.000 °C. Esta palabrería tan rimbombante quiere expresar que, en definitiva, del Sol recibimos luz de todos los colores posibles, pero en cantidades diferentes, siendo la componente predominante la amarilla verdosa. Pues bien, cuando esa luz llega hasta la atmósfera terrestre, interactúa con las moléculas de oxígeno y nitrógeno que allí se encuentran. Estas moléculas se ponen a vibrar sacudidas por la alegría luminosa que les llega desde 150 millones de kilómetros de distancia y, tras un instante de tiempo muy breve, vuelven a reemitir la luz. Pero el tamaño de estas moléculas es tan pequeño (incluso menor que la longitud de onda de la luz que reciben) que ocurre un fenómeno muy curioso, llamado dispersión de Rayleigh, el cual consiste en que los fotones se ven desviados por aquéllas en todas las direcciones posibles. Y no solamente se ven desviados, sino que este cambio de dirección que experimentan depende enormemente de la longitud de onda de los fotones procedentes del Sol. Cuando digo enormemente, me refiero en concreto a la cuarta potencia, es decir, que partículas de luz de una longitud de onda doble que otras experimentan una dispersión de Rayleigh 16 veces menor. La consecuencia es clara. La luz que se verá más desviada en todas direcciones (y, por tanto, abarcará todo el cielo) respecto de su dirección original será aquella que presente la longitud de onda más pequeña o, lo que es lo mismo, la correspondiente al color violeta del espectro visible. Luego vendrían la del azul, verde, amarillo, naranja y, por último, rojo. Así que, según esto, el color de nuestro cielo debería ser violeta. En cambio, lo vemos de un azul intenso, limpio, perfecto... ¿Cuál es la razón? ¿Está la física equivocada? Bueno, lo cierto es que no (¿qué sería de mí y de mi sueldo?). La razón de que no veamos un precioso cielo violeta es doble. Por un lado, el Sol, nuestro Sol, emite muy poca cantidad de luz de ese color. Por otro lado, nuestros ojos están mucho más sensibilizados al color azul que al violeta; de hecho, el cristalino absorbe fuertemente en este extremo del espectro visible. Así, el siguiente color en una escala de mayor a menor dispersión es el azul, y ésa es la razón de que sea el que percibimos.

Pero aquí no acaba la cosa. Todos hemos visto nubes en el cielo y sabemos que son de un blanco resplandeciente o bien de un gris amenazador, cuando se avecina lluvia. Igualmente, hemos presenciado cielos de un color rojo intenso, tanto al amanecer como durante el crepúsculo. ¿Dónde está ahora nuestra amada física y qué tiene que decir al respecto? Tranquilos, que no cunda el pánico. ¿Recordáis que unas líneas más arriba os dije que las moléculas de oxígeno y nitrógeno pre-

El planeta Saturno, fotografiado por la sonda espacial Cassini.

La sonda espacial Cassini fotografió los asombrosos cielos azules del hemisferio norte del planeta Saturno.

sentes en la atmósfera poseían tamaños menores que la longitud de onda de la luz solar? Pues en el caso de las nubes esa afirmación deja de ser válida, ya que las moléculas de agua, que es de lo que están hechas las nubes, se encuentran más juntas formando gotitas de un tamaño que ya no es en absoluto comparable a la longitud de onda de los fotones. Cuando éstos interaccionan con las gotas de agua, la dispersión dominante no es la de Rayleigh, sino que recibe el nombre de dispersión de Mie.

Una característica de esta dispersión es que resulta prácticamente independiente del color de la luz. Por lo tanto, como el agua es incolora y la luz que le llega del Sol es blanca, las nubes, tal y como las vemos, también serán blancas. En ocasiones, cuando las nubes son muy densas o gruesas, el efecto de la dispersión de Mie no es otro que atenuar o disminuir la intensidad de la luz que llega hasta nosotros, es decir, la propia nube absorbe gran cantidad de la luz que recibe. El resultado es que la vemos de color gris oscuro. Mejor ponerse a cubierto. Por contra, si las nubes son muy tenues, aún puede percibirse un tono azulado en las mismas. En cuanto al arrebol del orto y el ocaso, lo que sucede es que estamos observando el cielo en la misma dirección en la que proviene la luz. En este caso, como los colores violeta, azul y verde son los más dispersados y tienen que atravesar una capa de aire tanto más espesa cuanto más bajo esté el Sol sobre el horizonte, también les ocurrirá que, al final, perderán casi toda su energía (la energía de un fotón es inversamente proporcional a su longitud de onda, siendo más energéticos los violeta, luego los azules y así, sucesivamente, hasta el rojo) y no llegarán hasta nuestros ojos, permaneciendo únicamente los menos dispersados (los de mayor longitud de onda) como los amarillos, anaranjados y los rojos. Únicamente en ocasiones excepcionales de estabilidad atmosférica, resulta posible contemplar otros colores como el verde en el borde superior del astro solar (muy rara vez el azul) durante un lapso de tiempo de unos pocos segundos. Este fenómeno se denomina «rayo verde» y ya fue tratado por el mismísimo Jules Verne en su novela homónima publicada en el año 1882. Verne se dejó seducir por una leyenda que afirmaba que dicho resplandor efímero era tan difícil de presenciar que aquella pareja que lo consiguiese encontraría el verdadero amor para siempre. Actualmente, sabemos que, en realidad, no resulta tan dificultoso y que incluso puede darse dicho fenómeno en otros cuerpos astronómicos, como la Luna.

A la vista de todo lo anterior, parece bastante claro (aunque no me atrevo a poner las manos en el fuego) que el color de los cielos esta más relacionado con el tamaño relativo de las partículas que conforman la atmósfera en relación con la longitud de onda de la luz que con la propia composición particular del aire. Al menos, así opinan los expertos de la NASA, que pudieron observar atónitos las fotografías enviadas en enero de 2005 por la sonda espacial *Cassini*, donde se apreciaban los maravillosos cielos azules del hemisferio norte del planeta Saturno, a pesar de que la atmósfera de nuestro vecino anillado es completamente distinta a la nuestra. Sin embargo, lo que les resultó extraño a los científicos norteamericanos fue que en el hemisferio sur la cosa era totalmente diferente, pues allí resultaba que el cielo era amarillo, algo que también parece tener lugar en Venus. La explicación más plausible es que, tanto en nuestro vecino más próximo como en el hemisferio austral de Saturno, haya una gran presencia de nubes (de ácido sulfúrico en el primero y de hidrógeno en el segundo).

Para ir finalizando, quizá lo que han contemplado nuestros amigos del *C-57-D* no haya sido otra cosa que un espejismo producido por la repentina borrachera de oxígeno. Después de todo, ¿qué se puede esperar de unos tipos que han superado la velocidad de la luz, viajan a toda pastilla durante más de un año, frenan de sopetón y se sorprenden de ver un robot al que no le encuentran mejor uso que fabricar hectolitros de güisqui?

22. Haberlos, haylos o ¿dónde está Wally?

Nunca pienso en el futuro. Llega enseguida.

Albert Einstein

A buen seguro que un viejo anhelo de la raza humana siempre ha sido el viaje en el tiempo, construir una máquina capaz de transportarnos a otras épocas donde poder cazar dinosaurios, como hacen los protagonistas de *El sonido del trueno* (*A Sound of Thunder*, 2005), visitar el viejo oeste americano, como Marty McFly en *Regreso al futuro III* (*Back to the Future, part III*, 1990) o estudiar un acontecimiento de la historia en la misma fecha que tuvo lugar y que ahora podemos encontrar en los libros de texto, tal y como les ocurre a los viajeros de *Timeline* (2003), y tantos otros ejemplos diseminados por decenas de películas y relatos.

Todos estos ejemplos de viajes en el tiempo tienen en común una característica muy particular: siempre abordan el tema del viaje al pasado. Y ahí está el meollo del asunto que quiero tratar en este capítulo. El viaje al pasado presenta una dificultad, digamos «técnica». Se trata de una paradoja causal. La más famosa se conoce como «paradoja del abuelo», aunque también puede recibir otras denominaciones. Consiste en lo siguiente: supón que dispones de una máquina del tiempo, que viajas al pasado y que matas cruelmente a tu abuelo materno (con el paterno también sirve) antes de que conozca a tu abuela materna (si hubiera conocido a la abuela paterna se hubiera generado algo más que una paradoja). La primera consecuencia es que tu santa madre no habrá nacido y tú no existirás. Pero si no existes, ¿cómo es que has viajado al pasado y asesinado a tu abuelo? Más aún, si no te lo has cargado y has sido capaz de salir del vientre de tu mamá, entonces has podido liquidarlo y otra vez volvemos al principio. Se genera así un círculo vicioso enloquecedor denominado paradoja.

Terminator. La película dirigida por James Cameron en 1984, y protagonizada por Arnold Schwarzenegger, aborda el tema del viaje a través del tiempo.

Una de las películas más célebres donde se presenta este argumento es *Terminator* (*The Terminator*, 1984). Pero ahora no deseo centrarme en este asunto de las paradojas causales, sino en la siguiente cuestión. No es otra que el problema de la supuesta ausencia de viajeros del tiempo. Si el viaje al pasado fuese posible, ¿no debería estar el futuro ahí afuera, al igual que la verdad del agente Mulder? Es más, si el futuro existe y se han construido o existen las máquinas del tiempo, ¿dónde están los viajeros del tiempo y por qué no tenemos noticias de ellos?

Esta sencilla y, al mismo tiempo, espeluznante pregunta ha preocupado a los científicos desde los albores de la teoría de la relatividad de Einstein, y también ha traído de cabeza, desde los años 80, al mismísimo Stephen Hawking. Unos han utilizado la falta de evidencias como excusa para negar la posibilidad real del viaje al pasado; en cambio, otros han tratado de encontrar respuestas al interrogante. De entre éstas, voy a contaros 5 que aparecen recopiladas por el profesor Jim Al-Khalili en su estupendo libro *Black Holes, Wormholes & Time Machines*. Son éstas:

• Posiblemente exista alguna ley física aún no descubierta que prohíbe el viaje al pasado. Esta ley recibe el nombre de «protección cronológica» y su nombre fue propuesto por Stephen Hawking. Puede que la energía necesaria para viajar sea directamente proporcional a la distancia temporal elevada a una potencia grande, o sea, una ley exponencial o algo similar. Así, sólo se podría viajar a épocas pasadas relativamente recientes, y *vuestros* descendientes futuros solamente serían capaces de alcanzar épocas que no llegan a la *vuestra*. (Al final del capítulo entenderéis por qué aludo a «vosotros» y no a «nosotros».)

• Los trabajos teóricos de Frank J. Tipler acerca de sus famosos cilindros, en los años 70, permiten concluir que una máquina del tiempo artificial que viajase al pasado sólo podría hacerlo, como máximo,

El sonido del trueno, película dirigida por Peter Hyams en 2005. Sus protagonistas construyen un artefacto que les permite viajar en el tiempo hasta la época de los dinosaurios.

hasta el instante mismo en que se construyó, nunca más atrás. Esto significa que si fuese construida en el año 2348 y la utilizásemos 20 años después, no seríamos nunca capaces de transportarnos hasta el año 2345, por ejemplo, y mucho menos a *vuestra* época actual. La única solución plausible consistiría en disponer de una máquina del tiempo natural (agujero negro, agujero de gusano o similar) que hubiese existido desde mucho tiempo atrás, pero a lo peor no existe ninguna o no se encuentra cerca de nosotros.

• Quizá existen universos paralelos y el nuestro, en particular, no haya sido afortunado en ser visitado aún.

• Los viajeros no quieren visitar *vuestra* época. No me extraña. Hay guerras por todos lados, hambre, enfermedades, culebrones de TV, series interminables como *Perdidos,* donde no se descubre nada de nada episodio tras episodio, macarras al volante, cambios climáticos sí y cambios climáticos no, ordenadores con Windows Vista, sueldos de 1.000 euros que incluyen trabajar fines de semana hasta las 10 de la noche, ufólogos que denuncian a divulgadores científicos, peatones que se detienen en pasos de cebra para que no pasen los coches, y un larguísimo etcétera. Hay épocas mucho más interesantes, seguro.

• Los viajeros del tiempo están entre nosotros, pero saben pasar desapercibidos.

Existen otras, como la debida al profesor Curt Cutler, quien definió el denominado «horizonte de Cauchy», una región alrededor de la máquina del tiempo donde ésta funcionaría. Fuera de ella, la máquina es inoperante. Podéis vosotros mismos, queridos lectores, contribuir a la lista proponiendo otros motivos o razones para explicar esto. Se aceptan. Voy a detenerme un poco en la última de las enunciadas en el párrafo anterior. Si estuviesen aquí entre vosotros, ¿cómo los podríais reconocer? Resultarían sospechosos, por ejemplo, por la forma de vestir,

Los pasajeros del tiempo. En esta película dirigida por Nicholas Meyer en 1979, su actor principal, Malcolm McDowell, persigue en el tiempo a Jack el Destripador.

como le ocurre a Malcolm McDowell en *Los pasajeros del tiempo* (*Time After Time*, 1979) quien viaja ataviado con traje de la época victoriana persiguiendo nada menos que a Jack el destripador. Los protagonistas de la trilogía de *Terminator* eluden este detalle viajando siempre en pelota picada, una solución de lo más válida, aunque no exenta de ciertos riesgos. También se les podría reconocer por el lenguaje con el que se comunicasen, ya que las lenguas evolucionan en el tiempo de forma apreciable. Otra forma de descubrirlos podría ser observando su inoperancia con tecnología obsoleta para ellos. Si procediesen de un futuro muy lejano quizá no supiesen de la existencia o el funcionamiento de un ordenador con Windows, un teléfono móvil, un coche con neumáticos, etc. Se me ocurre en este momento que si tuvieseis que elegir a una persona que conocéis y que pudiese ser un presunto viajero del tiempo ¿a quién escogeríais? Yo lo tengo claro. ¿Recordáis a un muchachito de tez morena y pelo «a lo afro» que solía formar parte de un grupo musical allá por la década de 1970? Poco a poco, la fisonomía de aquel niño encantador fue cambiando y, con el paso de los años, su verdadero aspecto ha ido apareciendo de forma paulatina. Hoy día se oculta tras múltiples adaptaciones metamórficas de su cuerpo; en ocasiones se cubre boca y nariz con una extraña mascarilla, quizá debido al deterioro ocasionado por nuestra atmósfera, como si fuera una especie de Liam Neeson en el papel de *Darkman* (1990); otras veces se protege con un paraguas de la radiación ultravioleta y se oculta en un rancho, con parque de atracciones incluido, rodeado de niños quién sabe si igualmente cronoviajeros como él mismo. ¿Hacen falta más pruebas?

En el estupendo libro *Breaking the Time Barrier* de Jenny Randles, se cuentan algunos casos de posibles viajeros del tiempo. De la misma autora, esta vez en edición española, os recomiendo *Viajando en el tiempo*. En él se relatan experiencias recopiladas por esta mujer sobre lo que, según ella propone, pueden haber sido viajes involuntarios en el tiempo. Leedlo con escepticismo, eso siempre. Ya os he advertido, que conste. Yo, por mi parte, voy a haceros aquí un brevísimo resumen de algunas de las cosas que en la primera de las dos obras mencionadas se pueden encontrar. Añadiré, asimismo, algunos datos actualizados que allí no figuran.

El increíble Nikola Tesla, al que tanto debemos, construyó a finales del siglo XIX, en Colorado Springs, una enorme torre de 70 metros de altura que estaba coronada por una inmensa esfera de cobre donde se generaban hasta 10 millones de voltios. En los alrededores del recinto se observaban toda clase de fenómenos extraños, tales como grifos por los que parecían salir chorros de chispas en lugar de agua, bombillas que resplandecían a 30 metros de distancia (aun a pesar de estar desconectadas), caballos electrocutados por sus herraduras, mariposas envueltas en chisporroteos y muchas cosas más. Por cierto, este ambiente aparece reflejado en la reciente película *El truco final* (*The Prestige*, 2006). En cierta ocasión, cuando Tesla estaba llevando a cabo un experimento con 3,5 millones de voltios fue alcanzado en un hombro por una descarga. Dejó por escrito las sensaciones que había experimentado, como una profunda alteración del sentido del tiempo, y utilizó aquello para intentar obtener fondos con el fin de financiar la construcción de una máquina del tiempo (algún ejemplo más reciente de lo mismo puede ser el caso del profesor Ronald Mallett). No se conocen más noticias acerca de Tesla y su posible éxito.

Otro caso célebre fue el de John Lucas, un estudiante de matemáticas durante la década de 1980, quien tuvo la brillante idea (pero se quedó tan sólo en eso, una idea) de abrir una cuenta bancaria en la que la gente iría dejando donativos pequeños con la intención de que, gracias a los intereses, en el futuro alguien dispusiese de los fondos requeridos para llevar a cabo la construcción de una máquina del tiempo y se la enviase de vuelta al pasado al mismo Lucas. ¿Cuándo se dio cuenta este avispado muchacho de que su idea no había funcionado? Pues en el mismo momento en que abría la cuenta. En ese justo instante, la máquina debería de haberse materializado ante sus ojos, ya que habría sido enviada desde un futuro arbitrariamente lejano. Aún sigue esperando...

Todavía más sorprendentes (y a más de uno le podrán parecer hasta graciosas o incluso ridículas) resultan ser las historias de Steven Gibbs y su «resonador hiperdimensional», vendido por internet al precio absolutamente popular de 360 dólares. Eso sí, el simpático de Steven advertía de la posibilidad de que el artefacto no llegase a funcionar o, peor todavía, que el usuario quedase atrapado irremediablemente en el pasado. Tony Bassett y su «bioenergizer» (esto suena a conejo de Duracell), ofrecido asimismo a 500 «pavos», con garantía de devolución del

Resonador hiperdimensional. Este artefacto un tanto ridículo, permite por un módico precio de 360 dólares, viajar en el tiempo.

importe, ya que según afirmaba el inventor, no todas las personas reaccionaban del mismo modo ante la máquina. Pretendía que su invento había sido adquirido por prestigiosos científicos de un hospital en Londres, pero que querían permanecer en el anonimato para salvaguardar su imagen. Dejando a un lado el posible tono humorístico, lo que hace sospechar de estos individuos, aparte del precio, es que si alguien consiguiese construir realmente una máquina del tiempo, entonces mantener el secreto sería prácticamente imposible, pues deberían de aparecer sus versiones del futuro por todos lados en el presente. Por supuesto, siempre que no haya ninguna ley física que lo impida.

Otros casos no resultan tan simpáticos. Por ejemplo, el 2 de noviembre del año 2000 empezaron a surgir en una página de internet mensajes firmados por un tal John Titor, afirmando ser un viajero llegado del año 2036 que había viajado más rápido que la luz. En 2004, otro individuo que se hacía llamar profesor Opmmur afirmaba provenir de 2039, haber encontrado a Titor en 2034 y que éste había fallecido en 2038 a causa de una gripe. Para demostrar que decía la verdad, Titor incluso se permitió el capricho de efectuar predicciones. Entre ellas, me encanta particularmente la que tiene que ver con que el mundo acabaría siendo gobernado por simios, como en el cine; otras auguraban un conflicto bélico civil en el año 2004 en Estados Unidos (lo siento, fallaste, John) y el final de los Juegos Olímpicos para siempre en el mismo año (ya veremos qué sucede en el futuro), la Tercera Guerra Mundial en 2015, una especie de efecto 2000 (pero en 2038) que sufrirían los ordenadores con sistemas operativos UNIX, lo cual indicaba bien a las claras que no nos extinguíamos del todo 23 años antes, y alguna otra que podéis encontrar por el ancho mundo de la Wikipedia.

Allá por el mes de diciembre de 2005 apareció otro viajero despistado afirmando llamarse Ethan Jensen. Al parecer, después de permanecer con nosotros unos meses, decidió llevarse consigo a su amiguete de nuestra época Erik Hanselmann, el cual regresaría poco después, supuestamente procedente del año 2123, para hacerse acompañar por su novia de toda la vida y no volver jamás. No acaba aquí la historia de los viajeros del tiempo ociosos que gustan de visitar nuestra época, pues en agosto de 2007 nuevos turistas temporales se dejaron caer por los foros de internet. En la actualidad, la bola de nieve se ha hecho tan grande que no se sabe muy bien dónde empieza el mito y dónde acaba la realidad. De hecho, el mismísimo Instituto Tecnológico de Massachusetts (MIT) organizó, el 7 de mayo de 2007, una convención para supuestos viajeros del tiempo. En la invitación figuraban todos los detalles precisos para que no se perdieran, indicando exactamente las coordenadas de latitud y longitud donde se celebraba el evento. Desgraciadamente, no acudió nadie que afirmara ser un cronoturista. Lástima...

Continuando con el asunto que nos ocupaba, Vadim Chernobrov, del Instituto de Aviación en Moscú, llegó a asegurar que el mismísimo Albert Einstein formaba parte de los experimentos militares de Estados Unidos y que habían conducido accidentalmente al viaje en el tiempo. Creía que Einstein pudo haber destruido la documentación para evitar el uso de la máquina como arma de guerra. ¿No está nada mal la paranoia mental de este señor, eh? Pero, a ver quién es el guapo que le demuestra lo contrario. Menudo guión que se podría escribir. El mismo Chernobrov afirmaba haber tenido éxito en la construcción de una máquina del tiempo. Al parecer, ésta consistiría en un conjunto de esferas de distintos tamaños, incluidas unas dentro de las otras (al estilo de las famosas muñecas *matrioskas* rusas), fabricadas con electroimanes superconductores que funcionarían a temperaturas extremadamente bajas. La esfera más interna sería el habitáculo del pasajero, pero era tan pequeña que sólo tenía unos pocos centímetros de diámetro. Inicialmente, fue capaz de conseguir viajes de medio segundo en una hora, es decir, 12 segundos al día. Posteriormente, en los años 90 logró duplicar este lapso temporal. Fue en este momento cuando decidió enviar pasajeros vivos (al principio sólo había probado con relojes atómicos) tales como insectos y ratones que, por supuesto, fallecieron (siempre falla algo, como con los ovnis y los extraterrestres)..., y, aunque no hubiera sido así, ¿qué les iba a preguntar a la vuelta? Menos mal que los técnicos del laboratorio tenían pruebas contundentes del éxito del experimento, como náuseas, mareos o ampollas en la piel. Ya sabéis, cuando vuestra chica esté embarazada y se queme en la playa, preguntadle de qué época viene.

Retomando al amigo Chernobrov... En 1996, éste presentó sus resultados en un congreso en San Petersburgo (siempre es mejor en casa que en una revista de prestigio, por si acaso no te entienden o te tienen manía). Estaba convencido de que conseguir mayores diferencias temporales era tan sólo cuestión de energía y de disponer de la tecnología precisa. En cierta ocasión, durante uno de los experimentos logró una diferencia temporal de 12 minutos (y dale con los múltiplos de 12), pero ni él mismo entendía cómo había sido posible, pues nunca más fue capaz de conseguirlo. Finalmente, en 2003, afirmó haber empleado seres humanos como viajeros. Yo fui uno de ellos y ahora mismo os escribo desde el, para vosotros lejano, año 802701. Aquí todo es perfecto: no existen ordenadores con Windows, Apple aún existe y no tiene competencia (yo mismo os escribo desde uno), las series de TV sólo tienen una temporada y el cambio climático es un cuento...

23. Cómo subir una pendiente del 100%

.

La vida es agradable. La muerte es tranquila.
Lo malo es la transición.

El padre de Johnny Blaze se dedica profesionalmente a realizar acrobacias con una motocicleta. Para evitar que le ocurra un grave accidente, Johnny hace un pacto con Mefisto, el demonio más demonio de todos los demonios que habitan en las flamígeras llamas abrasadoras del infierno. Tratándose de quien se trata, la traición y el engaño tenían que llegar antes o después y, efectivamente, Mefisto encuentra la consabida triquiñuela para no cumplir su parte del trato. La labor de Johnny, transformado en esqueleto llameante, consiste en atrapar y/o eliminar demonios revoltosos y rebeldes capitaneados por el hijo de Mefisto, Blackheart, (¿tendrán sexo los ángeles y los demonios?) que se salen un tanto de madre de la disciplina impuesta. Para llevar a cabo esta misión, El Motorista Fantasma, viste traje de cuero negro con una estética un tanto macarra y pilota una espectacular moto, igualmente envuelta en llamas. Resabiado a más no poder, intenta devolverle al malvado Mefisto la traición y emplea sus sobrenaturales poderes para hacer el bien.

A grandes rasgos, éste es el argumento de *El motorista fantasma* (*Ghost Rider*, 2007), uno más de los filmes basados en los cómics de Marvel que tanto pululan, y más que pularán en breve, por las pantallas de nuestros cines. Aunque no se trata estrictamente de una película de lo que yo entiendo por ciencia ficción, la verdad es que me apetece hablar de ella, qué demonios. La película no vale gran cosa, pues a excepción de los espectaculares efectos especiales (muy buenos, realmente), la historia resulta descafeinada y muy poco convincente. La relación de amor entre Johnny y su ex novia, Roxanne, queda muy superficialmente tratada y se diluye en el mar de escenas de acción y

El motorista fantasma.
En esta película dirigida por
Mark S. Johnson en 2007,
Nicolas Cage persigue a
Mefistófeles. Para ello pilota
una moto que le permite
desafiar la ley de la gravedad.

pirotecnia que protagoniza el flamígero alter ego de Johnny. Así que, como casi siempre, se trata de un producto dedicado al puro entretenimiento (que no es poco, en los tiempos que corren). Disfrutadlo. De momento, yo me dedicaré a la física de alguna de las habilidades exhibidas por el motorista fantasmón.

Cuando el motorista fantasma recorre las calles de la ciudad en su ardorosa jaca metálica consigue varias cosas que llaman poderosamente la atención: los neumáticos no se queman, el depósito de combustible no estalla por los aires, el traje de cuero y chinchetas se ajusta perfectamente a un tipo que está en los huesos y, por encima de todo, ¿cómo es posible que un tipo tan caliente no tenga sexo en toda la película, ni siquiera con una voluptuosa diablesa de silueta bien torneada? Vale, ya me empieza a patinar la pinza cerebral. Voy al grano. La cuestión que quiero abordar es la capacidad asombrosa que posee nuestro poco nutrido superhéroe para hacer ascender su motocicleta por las fachadas verticales de los rascacielos. Se trata de un problema relativamente sencillo de mecánica newtoniana. Cuando se quiere hacer subir por un plano inclinado un objeto rodante, hay que tener en cuenta que sobre éste actúan su peso, la reacción normal que ejerce el suelo, la fuerza de rozamiento y el «torque» o par de fuerzas aplicado, que obliga al cuerpo a ascender y evita que caiga hacia atrás por el plano. En el caso de un vehículo, como un automóvil o una motocicleta, ese par lo proporciona la potencia del motor y se transmite a los neumáticos.

Si se emplean de forma adecuada las leyes de Newton de la mecánica clásica y se supone que los neumáticos realizan lo que se llama un movimiento de rodadura sin deslizamiento (es decir, que las ruedas no patinan sobre el suelo) se puede encontrar una relación muy simple entre la aceleración del cuerpo (la motocicleta fantasmona), sus dimensiones geométricas (en concreto, las de las ruedas), su peso, el torque (o par proporcionado por el motor) y el ángulo de inclinación de la pendiente por la que sube. Con el fin de que la rueda no patine por la fachada del edificio, debe cumplirse la condición de que la fuerza de rozamiento entre ambos no supere un cierto valor que depende, a su vez, del coeficiente de rozamiento y de la componente del peso en la dirección perpendicular al plano sobre el que se apoya. Esto tiene una consecuencia que todos habréis experimentado alguna vez y que consiste en que cuanto más inclinada sea la pendiente, tanto más difícil es mantenerse pegado al asfalto, pues llega un momento en que la fuerza de rozamiento supera aquel valor límite y la rueda comienza a deslizar (y esto no es muy bueno para ascender y llegar a la azotea del rascacielos, al menos si se quiere mantener el pompis en el asiento). Si se desea que la motocicleta se desplace con una cierta aceleración, la fuerza de rozamiento deberá aumentar en consecuencia y se requerirá un coeficiente de rozamiento tanto mayor. Por lo tanto, el caso más favorable y menos exigente desde el punto de vista físico es aquél en el que la motocicleta viaja a velocidad constante hacia arriba. Pues bien, en este caso, haciendo una simple operación, resulta directo demostrar que el coeficiente de rozamiento que debe existir entre los neumáticos y la fachada del edificio tiene un valor infinito. Dicho en plata, no se puede subir por un plano vertical. Es más, si eligiésemos un valor razonable para el coeficiente de rozamiento entre el neumático y el vidrio del cristal de la fachada de, digamos, 0,7 entonces se obtiene que el ángulo máximo de inclinación permitido no supera los 35 grados, bastante lejos de la verticalidad. A medida que va aumentando el coeficiente de rozamiento, así también va creciendo el ángulo máximo de inclinación. Por ejemplo, valores del primero de 0,8, 0,9, 1, 2, 5, 10, 100 y 500 se corresponden respectivamente con valores del segundo de 39 º, 42 º, 45 º, 64 º, 79 º, 84 º, 89,43 º y 89,88 º. Evidentemente, encontrar dos materiales que presenten un coeficiente de rozamiento superior a la unidad es francamente difícil (por ejemplo, entre el cobre y el hierro fundido es de 1,1), con lo cual los últimos cinco casos están totalmente fuera de la realidad y, por tanto, ascender sin hacer patinaje artístico sobre motocicleta por pendientes superiores a 45 grados se convierte en una hazaña sólo al alcance de ciertos tipos capaces de tener oscuros negocios con el mismísimo diablo en persona.

Otro pequeño detalle en el que podría fijarme es en el par que debería proporcionar el motor de la motocicleta para poder llevar a cabo la hazaña anteriormente aludida. Si le otorgamos a la montura del fantasma esquelético una masa de unos 300 kg y le sumamos la propia masa del piloto (os recuerdo que el esqueleto humano solamente pesa el 14 % del total del peso del cuerpo, siendo el 10 % correspondiente al tejido óseo y el 4 % restante la médula) de 8 kg (he supuesto que debido al calor abrasador, la médula se ha volatilizado), el par del motor debería ascender a casi 800 N m, un valor solamente al alcance de los coches

En *El motorista fantasma*, el guapo protagonista tiene una capacidad asombrosa, entre otras, para ascender con su motocicleta por las fachadas de los rascacielos.

de Fórmula 1 o casi, como el SLR McLaren 722 que, con 650 CV de potencia, es capaz de suministrar un par máximo de 820 N m, acelerando de 0 a 100 km/h en algo más de tres segundos y medio o de 0 a 200 km/h en algo más de 10 segundos. Demasiado para la moto de este fantasma. Si el par del motor es menor que el valor determinado un poco más arriba, la rueda asciende por la pared inclinada cada vez con una aceleración menor, hasta que llega un momento en que se detiene. Valores aún menores del par hacen que la rueda comience a descender. Y ya os podéis imaginar lo que pasa cuando uno cae desde 200 metros de altura y no lleva los huesos bien sujetos. Haberlos haylos, quiero decir, motoristas. También fantasmas (como los que salen en las películas de miedo), pero motoristas fantasmas como éste, sólo hay uno y realmente es un fantasma de motorista. ¡Anda, vete al infierno, colega!

24. Mucha agua y poco hielo

Podrán cortar todas las flores
pero nunca terminarán con la primavera.

Ernesto «Che» Guevara

El premio Nobel de la paz correspondiente al año 2007 ha recaído en el ex vicepresidente de Estados Unidos, Albert Arnold Gore, Jr., y el panel intergubernamental sobre el cambio climático de la ONU «por sus esfuerzos en formar y difundir un mayor conocimiento acerca del cambio climático de origen humano y establecer las bases que permitan adoptar las medidas oportunas para contrarrestar dicho cambio». Una de las múltiples y variadas posibles consecuencias de éste tan cacareado cambio climático con el que nos azotan las conciencias últimamente tiene que ver con el tema que trataré en este capítulo: el problema de la fusión de los casquetes polares y la subida del nivel de los océanos. En los últimos años, el cine de ciencia ficción no ha sido ajeno a esta cuestión. Una reciente película sobre el tema, *El día de mañana* (*The Day After Tomorrow*, 2004) aborda el asunto de un cambio climático masivo y repentino que está azotando el planeta con inundaciones, tormentas y tornados devastadores. Tres años antes, Steven Spielberg había dirigido *A.I. Inteligencia artificial* (*A. I. Artificial Intelligence*, 2001), donde se narra en clave de ciencia ficción el mito clásico de Pinocho en el lejano siglo XXIII, cuando el deshielo de los polos ha sumergido bajo las aguas ciudades como Nueva York o Amsterdam. Una tercera pieza cinematográfica en la que se puede encontrar la misma premisa es *Waterworld* (1995) protagonizada por un venido a menos Kevin Costner. En ella, nuestro planeta se encuentra anegado por las aguas debido al proceso de calentamiento global. La raza humana habita en ciudades construidas sobre la superficie del agua y existe una leyenda ampliamente divulgada acerca de un lugar donde

El día de mañana, de Roland Emmerich (2004).
Este largometraje aborda el tema del cambio climático con imprevisibles
consecuencias: inundaciones, tormentas y grandes tornados.

existe suelo firme, conocido como la «Tierra Seca». Bien, detengámonos un momento a considerar el asunto del deshielo polar con un poco de lógica y conocimiento científico básico.

La primera cuestión que nos podemos plantear es cuánto hielo existe en la Tierra. Éste es un dato relativamente bien conocido. Efectivamente, se estima que actualmente el volumen de agua congelada en nuestro planeta asciende a unos 33 millones de kilómetros cúbicos. De ellos, aproximadamente, el 90 % del total se encuentra en la Antártida, el continente helado del sur. Otro 8 % podemos encontrarlo en Groenlandia y el 2 % restante se halla en los glaciares de alta montaña repartidos por todo el globo. ¿Qué sucedería si todo este hielo, de repente, se fundiese y se convirtiese en agua líquida? ¿A qué nueva altura sobre el nivel actual ascendería el agua de mares y océanos? ¿Serían sumergidas todas las zonas habitadas del mundo?

Un cálculo prácticamente elemental, si se lleva a cabo de forma aproximada, permite encontrar respuesta a las cuestiones anteriores. Trataré de explicarlo de una forma lo más sencilla posible. Supongamos por un momento que la Tierra, con el nivel del mar actual, es una esfera de radio R. Una vez que el agua procedente del deshielo cubriese la superficie terrestre se formaría una corona circular de espesor h, siendo éste igual a la altura a que ascendería el nivel de las aguas que queremos determinar. Lo único que hay que hacer es calcular el volumen de la zona comprendida entre dos esferas concéntricas, la pri-

Inteligencia artificial, dirigida por Steven Spielberg (2001). Un robot con forma infantil es creado para ser vendido en un supuesto futuro donde la procreación es restringida.

mera de radio $R + h$ y la segunda de radio R. A continuación, se iguala este volumen resultante con el estimado para la masa total de hielo que, como ya sabemos, es de unos 33.000 billones de metros cúbicos. Y ya está, se despeja el valor de h y resulta un numerito muy simpático: unos 64 metros, más o menos, metro arriba o metro abajo hacia el fondo del mar (nunca mejor dicho). ¿Qué opinión os merece ahora la leyenda sobre la «Tierra Seca»? ¿Sois conscientes de la cantidad de lugares habitados que hay en la superficie de la Tierra y que se encuentran a más de 64 metros sobre el nivel del mar? ¿No creéis que a poco que navegaseis en las estrafalarias embarcaciones que aparecen en la película *Waterworld* seríais capaces de divisar algún lugar que sobresaliese por encima de la superficie del mar?

En fin, continuando con la ciencia y la razón, que es lo que aquí nos concierne, tengo un par de apuntes que haceros. Podríais, acaso, preguntar si he tenido en cuenta el volumen de los innumerables icebergs que flotan sobre el Océano Ártico. Está bien, supondré que me lo preguntáis. Aquí va la respuesta: no hace falta para nada y para demostrarlo os sugiero un sencillo experimento de física que a buen seguro que muchos de vosotros ya habéis realizado alguna que otra vez. Consiste en llenar con agua hasta el borde un vaso en el que previamente habéis colocado un cubo de hielo. Veréis que una parte del hielo sobresale por encima del borde del vaso (o del agua, porque coinciden). Si esperáis un rato suficiente, siempre que no os encontréis en una habitación demasiado fría, hasta que el hielo se derrita, podréis comprobar (no sin una cierta sensación de perplejidad) que no se ha derramado absolutamente nada de agua. Pues justamente con los icebergs ocurre exactamente lo mismo, es decir, al fundirse no contribuyen al aumento del nivel del enorme vaso que constituye el océano. A los que aún ten-

En *Waterworld*, de
K. Reynolds (1995),
Kevin Costner sobrevive en
un planeta Tierra
completamente anegado por
las aguas.

gáis fresca la física en vuestras cabezas esto os recordará al famoso principio de Arquímedes. Otra pregunta que me podríais hacer es la que hace referencia a la cantidad de hielo que sería necesaria para que toda la Tierra estuviese cubierta de agua. ¿Me la hacéis? Vale, me la hacéis. Estaba deseando responderos. Voy allá de nuevo. Dar respuesta a esta cuestión es tan fácil como repetir el cálculo de h que hicimos al principio, sólo que ahora esta cantidad es un dato conocido y el volumen de hielo necesario es la incógnita buscada. ¿Qué valor ponemos de h? Muy fácil, como el lugar más alto de nuestro planeta es el monte Everest, y su altura se estima en algo más de 8.800 metros (sobre esto hay una cierta controversia actualmente, ya que se cree que pierde altura paulatinamente al ir fundiéndose los glaciares que le rodean), vamos a suponer que $h = 9.000$ metros y así nos curamos en salud. Los que hagáis el calculito por vuestra cuenta, comprobaréis que será muy parecido a 4,6 millones de billones de metros cúbicos. Esto probablemente no os diga nada, pero resulta sencillo ver que equivale a la cantidad de hielo que habría en más de 200 Antártidas. Necesitamos un planeta mucho mayor y mucho más helado para que *Waterworld* resulte creíble.

Por contra, escenas como las que se muestran en *A. I. Inteligencia artificial*, la película de Steven Spielberg, resultan mucho más verosímiles ya que, por ejemplo, casi la mitad de la extensión de los actuales Países Bajos se encuentra por debajo del nivel del mar; estudios recientes advierten de la posibilidad de inundaciones masivas en la ciudad de Nueva York (casos como el del huracán Katrina aún están recientes en nuestra memoria); la plaza de San Marcos, en la ciudad italiana de Venecia, se encuentra tan sólo 63 centímetros por encima del nivel de las aguas, sufriendo varias inundaciones a lo largo de cada año. Para terminar, me gustaría decir que, aunque todo esto lo veamos con un poco de sentido del humor, se trata de un problema muy serio y que tiene una gran importancia en el mundo en el que vivimos. Lo verdaderamente importante no es el número exacto de metros que ascendería el nivel del mar, sino las consecuencias catastróficas que está teniendo el efecto invernadero y el calentamiento global que los humanos estamos provocando de forma artificial y acelerada, extinguiéndose, además, un ingente número de especies cada año. Científicas como la doctora Isabella Velicogna o la doctora Jacqueline Ruttimann han publicado muy recientemente sus resultados en las prestigiosas revistas *Science* y *Nature*, respectivamente, donde advierten que la Antártida está perdiendo entre 72 y 232 kilómetros cúbicos de hielo al año, lo que, por término medio, implica un aumento del nivel oceánico de unos 0,3 milímetros anuales, además de la destrucción de la mayor reserva de agua dulce (aproximadamente el 70 % de todo el agua de la Tierra) que tenemos en nuestro planeta.

25. Polvo eres y en galleta te convertirás

No hay amor más sincero que el amor a la comida.

George Bernard Shaw

Nota: En el magnífico libro Física i ciencia ficció, *de los profesores Manuel Moreno y Jordi José, se propone como ejercicio para los estudiantes el problema que a continuación me dispongo a resolver. Va, pues, dedicado a ellos con todo el cariño y admiración.*

Nueva York, año 2022. La megaurbe ha alcanzado una población superior a los 40 millones de habitantes. El planeta entero padece una superpoblación insostenible. El suicidio ha dejado de ser un delito e, incluso, está promovido por el Gobierno. La eutanasia está a la orden del día y se ha convertido en poco menos que un espectáculo audiovisual con todo tipo de comodidades, mientras el individuo es liquidado. El pan, la carne y los vegetales frescos se venden en el mercado negro a unos precios que ni las hipotecas actuales. La gente se pelea por un alimento sintético, en forma de inocentes galletas verdosas, denominado «soylent green» (soylent es una contracción de las palabras inglesas «soybean», que significa semilla de soja y «lentil», que significa lenteja). En este mundo apocalíptico, el detective Robert Thorn investiga un extraño caso de asesinato. A medida que avanza en sus pesquisas, una realidad terrible va haciéndose evidente. Su venerable compañero, Sol Roth, que actúa como enciclopedia viviente (el soporte papel es demasiado caro) la descubre antes y, no pudiendo soportarla, decide acabar con su vida en un centro de eutanasia. Cuando Thorn llega es demasiado tarde, pero decide seguir, en secreto, al vehículo fúnebre. Éste se dirige a una planta de producción de soylent green, donde se revela la espeluznante verdad en la frase que pronuncia Thorn: «Soylent green is people» («Las galletitas

Cuando el destino nos alcance, de Richard Fleischer (1973). En un futuro desolador, conseguir alimentos es una utopía. La gente pelea por una comida sintética llamada «soylent green». Mezcla de soja y lenteja, en realidad el alimento está hecho de cadáveres. La humanidad se alimenta de sus propios muertos.

son gente», según mi libre traducción). La humanidad se está alimentando de cadáveres.

Éste es el planteamiento del filme *Cuando el destino nos alcance* (*Soylent Green*, 1973). Pero, ¿se trata de una solución viable para acabar con la hambruna? ¿Es un método eficaz a largo plazo o se trata de algo eventual? ¿Qué demonios tiene todo esto que ver con la física? Os responderé a la última cuestión: casi nada, pero me mola a rabiar escribir, de cuando en cuando, algún capítulo un poco enloquecido y que se salga de la norma. Pero, para que nadie se sienta aludido ni ofendido, os diré que el concepto físico de energía anda deambulando por el problema que estoy planteando e intentando resolver. Bien, lo primero que hay que decir es que, a simple vista, podría pensarse que comerse a los cadáveres galletizados de nuestros mejores amigos y congéneres no parece ser ni agradable, por razones obvias, ni muy inteligente, ya que todos sabemos que la población mundial crece y crece cada vez más. Forzosamente, siempre habrá más vivos que muertos. Así y todo, la cosa podría tener solución si de cada «fiambrepersona» se pudiesen alimentar varias «nofiambrepersonas».

Así que, pensemos un poco y hagamos unos números. Fijaos bien cómo piensa, construye y va avanzando una mente analítica y penetrante como la mía. En primer lugar, necesito conocer el equivalente energético de la materia prima que constituye un cuerpo humano. ¿Dónde encontrarla? Pues en Google, caramba, que para eso está. Tecleo y ¡zas! En cuestión de centésimas de segundo, aparecen miles de páginas. Me voy a una que parece fiable, cuya fuente es la FAO (Food and Agricultural Organization of the United Nations) y allí me encuentro justo lo que necesito. Resulta que somos un 61,6 % de agua, 17 % de proteínas, 13,8 % de grasas, 1,5 % de carbohidratos y 6,1 % de minerales. Ahora bien, cuando bebemos un vaso de agua o un refresco sin

El Monstruo de las Galletas, conocido personaje de la serie infantil *Barrio Sésamo*, sería muy feliz en la película *Cuando el destino nos alcance*.

azúcar, se supone que no ingerimos calorías. Por tanto, haré la suposición más que razonable de que, tanto el agua como los minerales, no contribuyen al contenido energético de un cuerpo humano. El siguiente paso consiste en averiguar la equivalencia calórica de las proteínas, los carbohidratos y las grasas. El dato me lo encuentro en un documento del «Real Decreto 2180/2004, de 12 de noviembre, por el que se modifica la norma de etiquetado sobre propiedades nutritivas de los productos alimenticios, aprobada por el Real Decreto 930/1992, de 17 de julio». Allí dice que, tanto 1 gramo de proteínas como de carbohidratos, contienen 4 kilocalorías, mientras que la misma cantidad de grasas aportan 9 kilocalorías. Como los Gobiernos no suelen ser merecedores de ciega confianza, trato de comprobarlo. Me dirijo a la despensa de mi humilde cocina y cojo tres paquetes diferentes: uno de cereales de desayuno de una marca muy conocida que está decorado con tres enanitos muy simpáticos, otro de galletas de una marca muy popular y un tercero de galletas integrales cuya marca no importa ni lo más mínimo. Leo su contenido desglosado y aplico los parámetros anteriores. Me salen 381,5 kilocalorías para los primeros (en la caja figuran 382), 466,7 kilocalorías para las segundas (470,5 se puede leer en la etiqueta correspondiente) y 422,3 kilocalorías para las terceras (el mismo número que en el paquete). Parece que mi desconfianza inicial se va desvaneciendo.

Según todo lo anterior, al desangrar, destripar, descuartizar, despiezar, triturar, moler y compactar un cadáver de 65 kg obtendremos unos 11 kg de proteínas, casi 9 kilogramos de grasas y algo menos de 1 kg de hidratos de carbono. O, equivalentemente, le sacamos los higadillos a cada muerto y disponemos de 128.830 kilocalorías por cada uno. Según la misma FAO a la que me refería un poco más arriba, las necesidades energéticas promedio de un hombre (las mujeres necesitan algo menos) ascienden a unas 2.640 kilocalorías por día. Quiere esto decir que podemos reducir nuestra alimentación diaria a un 2 % de «chopped de cadáver». Para que lo entienda la gente que no está acostumbrada a conceptos físicos tan abstractos, lo que quiero decir es que un cadáver proporciona unas 2.577 galletas verdes. Si cada pastita de carne fría decrépita pesa 10 gramos, los vivitos y coleando deben ingerir 50 de ellas diariamente, siendo necesarios algo más de 51 días para acabar con cada carné de identidad. En tan sólo un año, el consumo de galletas por barba se eleva a 18.000 unidades o, dicho coloquialmente, algo más de 7 difuntos enteritos.

A la vista de este dato contundente, cabe pensar en alguna solución imaginativa. No quisiera terminar sin proponer yo mismo una. Pongamos por caso que una raza alienígena con intenciones benefactoras hubiese velado por nosotros desde el Neolítico (hace unos 7.000 años) y hubiese ido reciclando a todos los «seres humanos» que iban feneciendo. De haber sido así, hoy en día dispondríamos de una megadespensa con casi 150 mil millones de cuerpos galletizados (una estimación de esta sorprendente cifra se puede encontrar en la página de internet que figura en las referencias, al final del libro). Habría alimento suficiente para toda la población mundial actual durante casi 3 años y medio. Menos da un muerto, digo... una galleta.

Post Mortem (perdón, quiero decir Post Data): el texto anterior puede herir la sensibilidad de algunos lectores.

26. Redbull para superhéroes

Si quieres cambiar el mundo, cámbiate a ti mismo.

Mahatma Gandhi

Si un accidente, en un laboratorio lleno de tubos de ensayo rebosantes de líquidos de todos los colores, nos diese la oportunidad de adquirir un único superpoder y transformarnos en un superhéroe típico de los cómics, ¿cuál elegiríamos? Difícil elección, ¿no creéis? Unos optarían por la capacidad de desplazarse a velocidad prácticamente ilimitada, como Flash; otros se decantarían por la invisibilidad, como Susan Storm (La Mujer Invisible, integrante de *Los Cuatro Fantásticos*), o por la elasticidad de los miembros de Mr. Fantástico o el sentido arácnido de Spiderman, etc., etc., etc. Pero quizá el superpoder más deseado fuese el de volar. Yo elegiría éste, sin duda alguna.

El don del vuelo no solamente ha sido empleado por los superhéroes para combatir el mal, sino que algunos supermalvados también le han sacado partido, como es el caso de Adrian Toomes, El Buitre, uno de los primeros enemigos a los que tuvo que enfrentarse Spiderman, el asombroso hombre araña. Toomes había sido un brillante ingeniero electrónico que había diseñado un arnés de gravitones electromagnético capaz de proporcionarle la capacidad de volar utilizando unas alas para poder maniobrar en el aire. Cambiando de bando (al del bien) podemos encontrar héroes alados como El Hombre Halcón y La Chica Halcón, habitantes del planeta Thanagar, donde se encuentra el increíble metal Nth, responsable del mencionado superpoder; Ángel (o, posteriormente, Arcángel), otro de los miembros de la prolífica familia de los X-men; y también los Hombres Halcón de Mongo, el planeta donde tiene lugar gran parte de la acción del cómic protagonizado por Flash Gordon. Entre los superhéroes capaces de volar, pero no dotados de plumas, se puede encontrar al mismísimo Superman, a Tormenta

Al servicio del mal, Adrian
Toomes, alias El Buitre, con
su poder para volar, uno de
los primeros enemigos que
puso a prueba a Spiderman.

(también de los X-men) y a Johnny «Antorcha Humana» Storm. Todos ellos saben por propia experiencia lo que es desplazarse por el aire como las aves, desafiando las leyes más elementales de la física. Para justificar sus capacidades sobrehumanas, los guionistas de las compañías Marvel, DC y otras han discurrido e inventado toda clase de artilugios y dispositivos o, simplemente, les han atribuido poderes mágicos. En este capítulo, para evitar suspicacias por vuestra parte y no meterme en temas demasiado escabrosos, voy únicamente a centrarme en el vuelo con alas.

En el mundo real, el regido por las leyes de la física conocida, prácticamente los únicos seres capaces de volar son las aves y un gran número de especies de insectos (pueden hacerlo también un mamífero, como el murciélago y algún pez). Para lograr semejante proeza (desde el punto de vista humano), los organismos de los pájaros están diseñados de una forma muy especial. Sus huesos son huecos y contienen cavidades provistas de sacos de aire, todo ello con la finalidad de disminuir el peso al máximo, así como servir de fuente extra de oxígeno a la hora de ser absorbido por la sangre y proporcionar un mayor rendimiento energético al animal. Los músculos de los que están dotados sus cuerpos son muy poderosos para así ser capaces de mover de forma eficaz las alas, los elementos principales encargados de hacerlos volar. Esto se consigue mediante la puesta en acción de cuatro fuerzas diferentes. En primer lugar, el empuje o propulsión que es proporcionada por el aleteo (en el caso de un avión, esta fuerza se obtiene mediante los motores) y hace al ave desplazarse hacia adelante. La segunda fuerza es la fricción o arrastre producido por el aire y que se opone al empuje, dificultándolo. En tercer lugar, se encuentra el peso del cuerpo volador, que impide el despegue. Por último, la cuarta fuerza se denomina sustentación y siempre tiene una dirección perpendicular a la de la corriente fluida (el aire) con respecto al cuerpo. Cuando un avión se desplaza horizontalmente por la pista de despegue, la fuerza de sustentación tiene la dirección vertical ascendente, con lo cual es capaz de vencer al peso del propio avión y hacerle ascender.

Tradicionalmente, la explicación que se suele emplear para ilustrar el funcionamiento de las alas de un avión está basada en el principio de Bernoulli. Según este principio, el aire que circula por la parte superior de un ala, lo hace a una velocidad superior que el que circula por la parte inferior de la misma, con lo que este último ejerce una presión mayor, haciendo que el ala y, por tanto, el avión asciendan. El perfil geométrico particular del ala juega en todo lo anterior un papel decisivo, pues no presenta igual forma por arriba que por abajo. Sin embargo, todo este argumento puede inducir a error ya que, en ocasiones, todos hemos podido presenciar aviones volando en posición invertida. Si el principio de Bernoulli se volviese a aplicar en esta situación, la geometría particular de las alas obligaría al avión a descender cada vez más, llegando a estrellarse contra el suelo, pues ahora la presión ejercida por el aire sobre la parte superior del ala superaría a la que actuaría sobre la parte inferior de la misma. Recientemente, en un artículo publicado en la revista *Physics Education*, su autor Holger Babinsky parece haber acabado con semejante controversia mediante lo que él llama un análisis simple de los gradientes de presión y de las líneas de flujo, conceptos un tanto técnicos que no vienen muy a colación en este momento.

Volviendo a la fuerza de sustentación, es posible demostrar que ésta depende de la densidad del aire, del área superficial de las alas, del cuadrado de la velocidad relativa del aire y del coeficiente de sustentación. A su vez, este último es función del llamado ángulo de ataque, que es el formado por el ala y la velocidad relativa del aire. A medida que aumenta el ángulo de ataque, también lo hace el coeficiente de sustentación, pero sólo hasta un cierto límite, a partir del cual vuelve a disminuir. Para que un avión, un ave, un superhéroe o un supervillano puedan volar utilizando sus alas, debe cumplirse necesariamente que la fuerza de sustentación supere al peso. Y esto quiere decir que cuanto

El Hombre Halcón, militando en el lado del bien, también suele volar con sus vigorosas alas.

más pesado sea el cuerpo volador, tanto más rápido debe ser capaz de correr antes de despegar o, alternativamente, tanto mayor área superficial deben poseer sus alas. Daos cuenta de que en la naturaleza, lo anterior se cumple a rajatabla, pues una de las aves voladoras más grandes que recorren nuestros cielos es el albatros, que posee una envergadura alar de hasta 3,5 metros, pesando tan sólo unos 10 kg. Con estas características físicas, les resulta prácticamente imposible levantar el vuelo corriendo horizontalmente, ya que no suelen ser capaces de alcanzar la velocidad mínima necesaria. Los marinos hacían uso de esta imposibilidad para evitar que escaparan una vez capturados, dejándolos vagar libremente por la cubierta del barco.

Hagamos algunos números para comprobar que los superhéroes con alas lo tienen francamente difícil. Por ejemplo, para un ángulo de ataque de unos 4 grados, una persona que pesase unos 80 kg (con el arnés incluido) y fuese capaz de desplazarse a unos nada despreciables 36 km/h (velocidad a la que puede correr un velocista de 100 metros lisos) necesitaría unas alas con un área superficial de algo más de 24 m^2 (el salón de un piso promedio con una superficie de 80 m^2 suele tener unos 18 m^2). En el pasado remoto de la Tierra, este problema ya fue resuelto por la naturaleza, cuando enormes pterosaurios con envergaduras de hasta 18 metros en sus alas poblaban los firmamentos de nuestro planeta. Evidentemente, la única forma posible para ellos de iniciar el vuelo era dejándose caer desde acantilados. En el caso de una persona, además, los músculos del pecho deben ser capaces de mover las alas con la fuerza necesaria para alcanzar la velocidad anteriormente citada, ya que en caso contrario, la sustentación comenzaría a disminuir rápidamente y lo más probable sería un gran batacazo. En este sentido, los biofísicos han estimado que un hombre debería poseer un pecho de más de un metro de grosor con el fin de alojar los músculos necesarios. Mirando el problema desde el otro lado, podríamos suponer unas alas con una superficie razonable, digamos unos 2 metros cuadrados, y determinar el coeficiente de sustentación necesario para poder elevarse. Éste resulta ser de 13. Sin embargo, difícilmente se superan, en la práctica, valores comprendidos entre 1 y 1,5.

Las únicas posibilidades para soslayar la dificultad que se presenta consisten en, o bien aumentar la velocidad de despegue, o bien incrementar la densidad del fluido en el que desplazarse. Probablemente en planetas como Mongo, el aire sea mucho más denso que en la Tierra, dotando a sus Hombres Halcón con una mayor fuerza de sustentación, aunque viendo la generosa «curva de la felicidad» en el abdomen del príncipe Vultan, quizá no sirva de nada.

27. Cómo hacerse millonario con sólo un apretón de manos

Todo hay que reducirlo a su máxima simplicidad, pero no más.

Albert Einstein

En 1894, H. G. Wells publicaba su relato breve titulado *El fabricante de diamantes*, donde se cuenta la historia de un personaje que, supuestamente, es capaz de sintetizar las brillantes piedras en su laboratorio casero. Esta historia no parece haber sido demasiado anticipadora, pues ya existían precedentes reales de la existencia de diamantes hechos por la mano del hombre desde las dos últimas décadas del siglo XIX. Al parecer, la palabra diamante proviene del vocablo griego *adamas*, que significa invencible. El mismo origen presenta el término *adamantium*, aleación que integra el esqueleto de Lobezno, uno de los mutantes miembros de X-men.

El peso de un diamante se mide en quilates. Un quilate equivale a la quinta parte de un gramo, es decir, 200 miligramos. El segundo mayor diamante tallado que existe en la actualidad es la «Estrella de África» que, con algo más de 530 quilates, fue obtenido a partir de otro aún más grande (esta vez en bruto) llamado «Cullinan», extraído en 1905 en una mina de Sudáfrica y cuyo peso ascendió a nada menos que 3.106 quilates. En la actualidad, forma parte de las joyas de la Corona británica. Sólo es superado por el «Golden Jubile», con casi 546 quilates y propiedad del rey de Tailandia desde 1966. Muy recientemente se ha extraído, también en una mina de Sudáfrica, lo que parece ser el diamante más grande del mundo, que, con cerca de 7.000 quilates, duplicaría al «Cullinan», aunque todavía se requieren una serie de pruebas que confirmen los resultados.

La alotropía es aquella propiedad de los elementos químicos que hace posible que éstos se presenten bajo estructuras moleculares diferentes, o con características físicas distintas. Sus diversas estructuras

Golden Jubile, es el diamante tallado más grande del mundo, con 545,67 quilates.

moleculares deben presentarse en el mismo estado físico (sólido, líquido o gaseoso, por ejemplo). Actualmente, se conocen cinco formas alotrópicas del carbono: grafito, diamante, fulerenos, nanotubos y nanoespumas. Estas últimas presentan la propiedad de ser ferromagnéticas (como los imanes), y se pueden emplear en medicina al ser inyectadas en la sangre para, posteriormente, ser dirigidas a localizaciones específicas de interés.

Me centraré en las dos primeras por tratarse de las más comunes en la naturaleza. Resulta que el grafito es la que, con mucho, más abunda, mientras que el diamante brilla por su ausencia y constituye una de las joyas de más valor, precisamente por su escasez y su dificultad de extracción en las minas. En el grafito, cada átomo de carbono se encuentra unido a otros tres formando hexágonos de estructura laminar estando, al mismo tiempo, estas láminas unidas entre sí mediante fuerzas de Van der Waals relativamente débiles. Ésta es la razón por la que es posible escribir fácilmente con un lápiz. En cambio, en el diamante, cada átomo de carbono se une a otros cuatro formando una estructura tridimensional muy resistente, que es la que le dota de esa dureza capaz de rayar a casi todos los materiales, por lo que es muy utilizado para recubrir muchos tipos de herramientas. Además, los átomos de carbono en el diamante se encuentran en lo que se conoce como estructura metaestable (esto es un estado débilmente estable), que puede mantenerse durante miles de años (de ahí la célebre frase «un diamante es para siempre», aunque la palabra «siempre» es un tanto exagerada, como ya veremos un poco más adelante).

¿Por qué, en condiciones normales, encontramos mucho más fácilmente el grafito que el diamante? Aquí tiene algo que decir la termodinámica, esa rama de la física que nos permite afirmar si un proceso se puede dar en la naturaleza de forma espontánea o, por el contrario, hay que proporcionarle energía para que se produzca. Una de las funciones termodinámicas que permite hacer esto es la denominada energía libre de Gibbs. Cuando se evalúa esta función para las dos fases (diamante y grafito) y se restan ambos valores (esta diferencia se conoce con el nombre de «delta de G»), el signo negativo nos indica si la transformación de una fase en la otra es un proceso termodinámicamente favorecido y, por tanto, puede darse de forma espontánea. En el caso que nos ocupa, la delta de G muestra una clara dependencia tanto de la presión como de la temperatura y, desafortunadamente, resulta que tiene signo positivo. ¡Nuestro gozo en un pozo! Las puntas de nuestros lápices nunca se transformarán espontáneamente en diamantes. Por el contrario, el diamante acabará trocándose en grafito si se deja transcurrir el tiempo suficiente, aunque esto no es del todo cierto ya que, además, se requeriría añadir una energía elevada al proceso (energía de activación). Ya podéis tranquilizar a vuestras parejas, pues a lo largo de toda su vida, el diamante que les habéis regalado se mantendrá con todo su esplendor inicial.

¿Cuál debería ser, entonces, la presión necesaria para que la estructura cristalina del diamante fuese más estable que la del grafito a temperatura ambiente? Pues bien, si se realiza el cálculo de la delta de G, asumiendo que la temperatura sea de unos agradables 20 ºC, se obtiene que su signo será negativo siempre y cuando la presión supere ligeramente las 15.000 atmósferas, el mismo valor que nos encontraríamos en caso de bucear a 150 km de profundidad en el océano, siempre que fuera en otro planeta, ya que aquí, en la Tierra, el punto de máxima profundidad marina resulta ser de tan sólo unos 11 km y se encuentra en la fosa de las Marianas. El diagrama de fases del carbono también indica que, a medida que se aumenta la temperatura, se requiere una presión mayor para transformar el grafito en diamante. Sin embargo, parece ser más favorable, desde un punto de vista práctico, aumentar la temperatura y la presión hasta hacer que el grafito se transforme en carbono líquido y, posteriormente, enfriarlo para obtener el precioso cristal.

En el año 1955, la compañía General Electric anunció, en el volumen 176 de la prestigiosa revista *Nature*, la conversión de grafito en diamante a una temperatura cercana a los 2.500 ºC y una presión de 100.000 atmósferas mediante un proceso denominado de «alta presión y alta temperatura» o HPHT (High Pressure High Temperature). Siete años más tarde, en 1962, lo consiguieron de nuevo, esta vez sin la ayuda de un catalizador (esto es, una sustancia que se añade al proceso y que ayuda a que éste se realice con un gasto energético menor, aunque sea a costa de introducir impurezas en las piedras preciosas), para lo cual tuvieron que duplicar tanto la temperatura como la presión. Increíblemente, nada menos que 38 años después del primer trabajo, enviaron una nota aclaratoria también a la misma revista *Na-*

Superman es capaz de recoger un puñado de carbón,
y presionándolo con fuerza con su mano derecha conseguir sintetizar
un pedrusco de diamante.

ture (en su volumen 365) donde se decía que el primer diamante artificial que habían sintetizado era, en realidad, un diamante natural que se les había «colado» de forma accidental en su primer experimento. En abril de 2007, esta vez la revista *Science*, daba a conocer los resultados obtenidos por un grupo de investigadores de la universidad de California en Los Ángeles consistentes en la síntesis de un compuesto, el diboruro de renio, el cual presentaba unas propiedades de dureza semejantes a las del diamante, pero con la gran ventaja de poder ser fabricado a presiones normales, abaratando considerablemente el coste de producción. En la actualidad existe un número considerable de compañías que se dedican a producir de forma industrial diamantes artificiales. De todas ellas, quizá las más sorprendentes sean LifeGem o Algordanza. En 2002, la primera, y en 2004, la segunda, anunciaron que estaban en condiciones de producir los diamantes sintéticos a partir de los restos incinerados de cadáveres. ¡Atención a las cenizas de vuestros seres queridos!

Muy probablemente, a estas alturas, os estaréis preguntando a qué viene todo este culebrón sobre el carbón, el grafito y el diamante y qué tienen que ver con todas estas milongas de la termodinámica, fases, formas alotrópicas, funciones de Gibbs, etc. Pues la verdad es que casi nada; tan sólo es una mera disculpa para que vosotros mismos juzguéis la hazaña de Superman, quien, en la tercera entrega,

Superman III (1983), protagonizada por Christopher Reeve, tras aterrizar suavemente en un yacimiento de carbón llevando en brazos al redimido Gus Gorman (interpretado por Richard Pryor), recoge del suelo un puñado de negro carbón y, presionándolo fuertemente entre las palmas de sus manos, consigue sintetizar un estupendo y enorme pedrusco del preciado cristal transparente que todas las mujeres desean. Aunque no quiero discutir en absoluto la superfuerza de nuestro hombre de acero, sí que me gustaría señalar que la piedra sale de sus manos, nada menos que tallada con un gusto tan exquisito que ni los joyeros de Tiffany's. ¡Qué manos tienes, Súper...!

28. A lo hecho, pecho

Tanto si piensas que puedes,
como si piensas que no puedes, estás en lo cierto.

Henry Ford

Que el «hombre de acero» es un ser capaz de casi cualquier proeza imaginable es algo que seguramente todos compartimos. Pero es que hay hazañas que, aunque no lo parezca, no dependen para nada de sus superpoderes, sino de la propia naturaleza y de las leyes físicas que rigen su comportamiento. Pongamos un ejemplo. Si habéis tenido oportunidad de ver la película de uno de nuestros queridos superhéroes, *Superman returns (El regreso)*, de 2006, recordaréis la escena en la que un villano le dispara municiones a granel con ayuda de una ametralladora dotada de cañón rotatorio, mientras el último hijo de Krypton avanza sin inmutarse a la vez que las balas rebotan en su pecho. En vista del nulo efecto de las mismas, el malvado decide usar un recurso aparentemente más eficaz: decide disparar una pistola a escasa distancia del ojo de Superman. ¡Craso error! La bala rebota en la pupila y cae al suelo aplastada.

Me gustaría llamar vuestra atención no sobre este segundo hecho, sino sobre el primero. ¿Qué ocurre cuando los proyectiles alcanzan el pecho de Superman y rebotan? ¿Podrá el hombre más fuerte del mundo mundial seguir avanzando hacia su enemigo? Pues bien, lo que tengo que deciros al respecto es que la fuerza que nos permite avanzar cuando caminamos no es otra que el mismísimo rozamiento que existe entre nuestros zapatos y el suelo. Esta fuerza de fricción resulta ser directamente proporcional a la llamada reacción normal que el propio suelo en que nos apoyamos ejerce sobre nosotros, siendo el coeficiente de proporcionalidad el denominado coeficiente de rozamiento. ¿De dónde surge esta reacción y por qué se llama normal?

El regreso de Superman,
de Bryan Singer (2006).
El superhéroe
protagonista desafía
todas las leyes habidas y
por haber de la física.

La tercera ley de Newton del movimiento establece que siempre que dos cuerpos se ejercen una influencia mutua, ésta viene dada por la existencia de fuerzas iguales y opuestas que se aplican sobre cada uno de ellos. Pues bien, si resulta que nos encontramos de pie sobre una superficie horizontal, la interacción entre nosotros y esta superficie se manifestará bajo la forma de una pareja de fuerzas, una de ellas ejercida por nosotros sobre la superficie (en este caso, nuestro peso) y la otra ejercida por la misma superficie sobre nosotros, ambas iguales en magnitud pero dirigidas en sentidos opuestos. Es la segunda de esas fuerzas la que se denomina reacción normal. El calificativo de «normal» tiene que ver con la dirección que tiene dicha fuerza y que resulta ser perpendicular a la superficie de apoyo. Si esta reacción normal no existiese, la segunda de las leyes de Newton nos obligaría a hundirnos sin remedio y a viajar directos hasta el centro de la Tierra, pues no habría ninguna razón que se opusiese a ello.

Aclarado este asunto, vuelvo a la cuestión del rozamiento que dejé un poco más arriba. En el caso de que nos encontremos quietos, experimentamos el denominado rozamiento estático y en cuanto nos ponemos en marcha, el rozamiento recibe el nombre de dinámico o cinético, siendo este último ligeramente inferior al primero. Se puede comprobar fácilmente esta afirmación si tratamos de empujar un bloque pesado de madera, por ejemplo, sobre una superficie horizontal. Mientras la fuerza que aplicamos no es suficiente como para moverlo, la fuerza que se opone a nuestro esfuerzo es la fricción estática. Es justamente cuando el bloque comienza a deslizar cuando ésta desaparece y es reemplazada por la fricción cinética. Precisamente a partir de ese momento, podemos apreciar que nos cuesta menos esfuerzo desplazar el bloque. Algunos valores típicos del coeficiente de rozamiento son los siguientes: entre dos superficies, una de madera y otra de

Superman es capaz de repeler con su pecho una ráfaga de ametralladora.
Sus poderes superan lo impensable.

cuero, vale 0,4 para el estático y 0,3 para el cinético; entre dos bloques de hielo 0,1 y 0,03, respectivamente; 0,5 y 0,4 para el acero con el latón. El coeficiente de rozamiento estático del caucho al deslizar sobre cemento seco asciende hasta 1,0, y el dinámico, hasta 0,8. Valores por encima de los anteriores son prácticamente imposibles de conseguir.

Si suponemos que las botas rojas de Superman presentan un coeficiente de rozamiento de 1,0 cuando se está acercando a la ametralladora, la fricción que está experimentando es de unos 900 newtons (recordad que la reacción normal del suelo es exactamente igual al peso de Superman) que le está empujando hacia delante. Sin embargo, experimenta una resistencia, actuando en sentido contrario, que se opone a su avance. Esta fuerza es la que le propinan las balas de la ametralladora al impactar en su cuerpo. Se puede estimar esta fuerza con la ayuda de la segunda ley de Newton, y dando por hecho que la munición colisiona de forma elástica, es decir, que, tras rebotar, se mueve en sentido contrario con la misma velocidad que poseía inicialmente. Vamos a imaginar que la infame ametralladora que intenta acabar con la vida del «superhéroe de los superhéroes» es capaz de escupir proyectiles a razón de 2.000 cada minuto. Además, consideremos que la masa de cada uno de ellos es de unos 30 gramos y que viajan a la velocidad de 500 m/s. Introducimos estos datos en la ecuación correspondiente, agitamos un poco la mezcla y... *voilà*: la fuerza que se opone al avance de Superman es de 1.000 newtons, es decir, 100 newtons superior a la de rozamiento que le permite avanzar. Conclusión: Superman siente una fuerza neta hacia atrás de 100 newtons y, por lo tanto, debería retroceder continuamente con una aceleración constante ligeramente por encima de 1 m/s². Si la lluvia de proyectiles se prolongase durante medio minuto escaso, nuestro héroe se hubiese visto alejado de la ametralladora aproximadamente medio kilómetro, alcanzando una velocidad de 120 km/h. Por supuesto que podéis darle confianza a las botas de nuestro amigo y concederles un coeficiente de rozamiento mayor con el suelo, con lo cual podrían ser capaces de superar la fuerza de retroceso producida por los impactos de las balas. Pero también yo podría aumentar la velocidad de éstas, o el ritmo al que salen del arma.

La única forma posible en la que Superman podría avanzar hacia la ametralladora de su enemigo consistiría en hacer que las colisiones entre los proyectiles y el pecho no fuesen elásticas, es decir, que perdiesen parte de su velocidad inicial tras los impactos. El caso más favorable para el superhéroe tendría lugar cuando las balas se detuviesen en seco, perdiendo toda su energía cinética. En esta situación, la fuerza que soportaría el cuerpo de Superman se reduciría hasta la mitad, unos 500 newtons. Así pues, nuestro amigo del lejano mundo de Krypton mejor haría en poseer un tórax cuanto más inelástico mejor.

29. Aunque la fuerza se vista de externa, interna se queda

Educad a los niños y no será necesario castigar a los hombres.

Pitágoras

Decir, a estas alturas, que Superman, el último hijo de Krypton es superfuerte, invulnerable (excepto en presencia de kriptonita), que posee súper-visión, superoído, supervelocidad, que vuela y tiene visión de rayos X, a buen seguro que no resulta novedoso para nadie con un mínimo de sensatez. Pero si surgiera, de repente, un iluminado que afirmase que la fuerza de Superman podría resultar del todo inútil, lo más probable es que fuese tildado de loco e insensato. Es más, ¿podría dicho chiflado asegurar que la superfuerza resultase, incluso, contraproducente, es decir, que a mayor esfuerzo de nuestro héroe tanto más alejado estuviese de su logro?

¿Qué sucedería en el hipotético caso de que mi pequeña hija Miranda, de 5 años de edad y 22 kg de masa le propusiese el siguiente juego? Antes de nada, eliminemos el rozamiento, es decir, juguemos sobre una pista de hielo al juego consistente en tirar de los extremos de una cuerda mientras una cierta recompensa aguarda a los jugadores justamente colocada sobre el suelo a la mitad de la distancia entre Superman y Miranda. El que llegue antes a la recompensa es el ganador. Superman mira con desdén a mi hija y, un tanto ufano, piensa en que son cosas de críos, que con un simple tirón de su extremo de la soga, alcanzará fácilmente su objetivo. Como es superbueno y supergeneroso, no exterioriza su superconfianza y decide hacer un poco el paripé, poniendo cara de estar superesforzándose. Pero Miranda, que tiene un papá que es un fenómeno, escucha atentamente sus consejos y éste (o sea, yo) le dice que permanezca tranquila y se «deje llevar», que deje que Superman avance todo lo que quiera. ¿Qué ocurrirá?

Superman y Supergirl. ¿Que sucedería si Superman tuviera que enfrentarse a una niña de 5 años y 22 kg de masa? Su superfuerza podría resultarle contraproducente.

Para llegar a la respuesta, conviene que os cuente algunas cosillas de cierto interés. Suponed que os encontráis en una cierta región del espacio y que disponéis de una serie de partículas materiales (de esas que tienen masa) distribuidas al azar y sobre las que actúan distintas fuerzas, que pueden ser debidas tanto a su propia interacción mutua como a cualquier otro tipo de interacción externa. En física, las primeras reciben el nombre de «fuerzas internas» (ya que son producidas por las propias partículas) y las segundas se denominan «fuerzas externas», pues sus responsables pueden ser otros cuerpos ajenos al sistema inicial. Elijamos ahora un sistema de referencia desde el cual podremos definir las posiciones de cada una de las partículas mediante sus respectivos vectores de posición (esto es, los vectores que van desde el origen de dicho sistema de referencia hasta el punto donde se encuentra situada la partícula en cuestión). Si multiplicamos la masa de cada partícula por su vector de posición y sumamos para todas y cada una de ellas y, posteriormente, esa cantidad se divide por la suma de todas las masas, se obtiene el denominado vector de posición del centro de masas del sistema formado por todas las partículas. Este vector define la posición de un punto imaginario que tiene un comportamiento muy especial.

Intentaré aclarar esto último un poco más. Si sumamos todas las fuerzas externas (a este resultado se le denomina «fuerza neta»), el movimiento del centro de masas queda descrito como si sobre él actuase únicamente esta fuerza neta, sin importar en absoluto los valores de las fuerzas que se ejercen entre sí las partículas (las fuerzas internas que os comenté un poco más arriba). Un ejemplo muy sencillo de este hecho puede comprobarse con el lanzamiento por los aires de un palo de golf. Si lo arrojamos de una manera arbitraria (dando vueltas al azar), el movimiento de cada uno de sus puntos puede ser bastante complicado, describiendo trayectorias de lo más complejas. Sin embargo, su centro de masas describirá la misma trayectoria que un punto en el que estuviera concentrada toda la masa del palo y sobre el cual actuase únicamente la resultante de todas las fuerzas externas (en este caso solamente la gravedad, es decir, su peso, siempre que ignoremos el rozamiento con el aire). Pues bien, la trayectoria que describe una partícula sobre la que actúa únicamente su peso es de tipo parabólico y se conocen perfectamente sus parámetros, con lo cual, se puede determinar a qué altura máxima ascenderá y qué distancia recorrerá antes de precipitarse al suelo. Y lo más sorprendente de todo es que no importa para nada cómo son las fuerzas entre las distintas partes del palo.

De todo lo anterior se puede deducir fácilmente que si la fuerza externa neta que actúa sobre un sistema formado por varios cuerpos es nula, entonces la velocidad de su centro de masas debe permanecer constante. Volviendo al ejemplo del palo de golf, si lo colocáis sobre una mesa sin rozamiento y lo hacéis girar, comenzará a dar vueltas, pero su centro de masas permanecerá quieto siempre en la misma posición. ¿Por qué? Pues porque al estar compensado su peso por la reacción normal (siempre perpendicular a la superficie sobre la que se apoya) debida a la mesa, entonces la fuerza externa neta es nula. Al encontrarse inicialmente en reposo el palo, la constancia de la velocidad de su centro de masas asegura que su velocidad siga siendo cero en todo momento.

Pero volvamos de nuevo a la pista de hielo donde dejamos a Superman y a Miranda, mi querida hija, no vaya a ser que coja uno de sus famosos resfriados y me dé la semana con los antibióticos. ¿Cuál es nuestro sistema de partículas? Pues no es otro que el formado por Superman, Miranda y la cuerda. Suponed que inicialmente todos ellos están quietos, esperando con ansiedad e impaciencia mi orden para comenzar a tirar fuertemente de los extremos. Si la separación inicial entre ellos es de 20 metros, el centro de masas (despreciaremos la masa de la cuerda por ser mucho más pequeña que la de nuestros jugadores) estará situado a 6,07 metros de la recompensa hacia el lado del «hombre de acero». Las fuerzas externas son los pesos de cada contrincante y las reacciones normales del suelo. Por lo tanto, la suma de todas ellas es cero, ya que se compensan entre sí (recordad que si esto no fuese así, los jugadores se moverían en la dirección vertical). Como las fuerzas respectivas que la soga ejerce sobre Superman y Miranda son internas, sí que influyen en el movimiento relativo de cada uno de ellos, pero no en el del centro de masas del sistema. En consecuencia, si nuestro confiado héroe tirase de su extremo y esto le permitiese avanzar, digamos 2 metros hacia el premio, entonces (para que el centro de masas del sistema permanezca en el mismo punto del espacio) mi hija se habrá desplazado hasta tan sólo 1,82 metros de distancia del mismo y le faltará muy poquito para alcanzarlo.

Es más, se demuestra de forma muy sencilla que el cociente entre las distancias de aproximación de cada jugador coincide con el cociente inverso de sus masas. Dicho de otra manera, el jugador con mayor masa (Superman) se acerca menos a la recompensa, independientemente de la fuerza con la que tire de la cuerda. Miranda alcanzará su ansiado botín en cuanto Superman se acerque a no menos de 7,55 metros del mismo. Esto es derrotar a Superman por goleada. ¡Bravo, hija mía! ¡Más valen física y maña que superfuerza!

30. Unos cuantos «liftings» lo arreglan todo (o casi)

Si hubiera previsto las consecuencias, me hubiera hecho relojero.

Albert Einstein

Una de mis hazañas preferidas protagonizada por Superman en *Superman: el film* (*Superman: the Movie*, 1978) es aquélla en la que encuentra el cuerpo sin vida de Lois Lane, tras precipitarse su automóvil en una grieta generada por el terremoto que ha provocado el malvado Lex Luthor al detonar un misil sobre la península de California. El hombre de acero recarga su cuerpo de superadrenalina y decide remontar el vuelo con una furia inimaginable. Se dirige hacia el espacio y, una vez allí, comienza a describir órbitas a toda velocidad alrededor de la Tierra. Al cabo de un instante, nuestro planeta empieza a disminuir su velocidad de rotación, se detiene y, posteriormente, invierte el sentido de giro. Esto parece tener el muy discutible efecto de hacer retroceder el tiempo, con lo cual Superman regresa a tiempo (valga la redundancia) de salvar a su amada antes de que le sobrevenga la muerte. Por supuesto, tratándose del mismísimo Superman, ni qué decir tiene que lo consigue y aquí paz y después gloria. Cabe hacerse la pregunta de por qué no ha retrocedido a un instante antes de que su archienemigo Luthor provocase todo el desaguisado, con lo cual se habría ahorrado todo el estrés posterior.

Quiero llamar vuestra atención sobre varios fallos que hay en la anteriormente aludida escena. En primer lugar, mi superhéroe favorito se equivoca al creer que invertir el sentido de la rotación de un planeta alrededor de su eje produce un viaje al pasado en el tiempo. Si esto fuese cierto, nuestros vecinos habitantes de Venus morirían primero para nacer después, ya que el sentido de rotación del segundo planeta del sistema solar (desde el Sol) es contrario al de los otros siete (recordad que Plutón ya no es considerado un planeta de pleno derecho). Más aún, ¿cómo transcurrirá el devenir del tiempo en Urano, cuyo eje

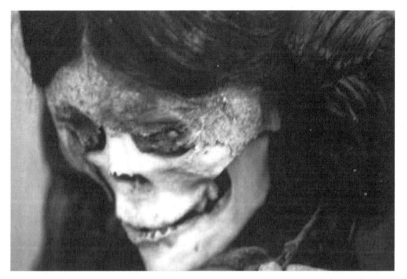

Así encontraría Superman a su novia Lois Lane a la vuelta
de su viaje alrededor de la Tierra.

de rotación está tumbado a la bartola y descansa prácticamente sobre
el plano de su órbita? ¿Se habrá detenido el tiempo allí?
La segunda imprudencia del talludito Kal-El consiste en pretender
detener la rotación terrestre en un lapso de tiempo tan corto. No sé si
sois conscientes de que estamos subidos a bordo de un enorme tiovivo que gira a una velocidad de casi 1.700 km/h en el Ecuador (la velocidad de giro en otros lugares de la Tierra depende de la latitud de
los mismos, siendo nula en los polos). Pues bien, ¿qué os ocurre
cuando estáis subidos en la plataforma de un tiovivo que da vueltas y
éste deja repentinamente de girar? Pues que, ya lo dijo Newton, sobre
un cuerpo que no experimenta fuerza alguna, éste debe mantenerse
en reposo o realizar un movimiento rectilíneo y uniforme. Total, que
deberíais salir despedidos con la misma velocidad con la que estaba
girando el tiovivo antes de detenerse. En el caso que nos ocupa, la
gente que se encuentre cerca del Ecuador, debería salir despedida a
1.700 km/h, con las consiguientes desagradables consecuencias.
Pero eso no es todo, ya que la descomunal energía de rotación que
posee nuestro planeta debe transformarse en calor (la energía ni se
crea ni se destruye, sólo se transforma. Así suena esa cantinela que
me enseñaron desde que empecé a estudiar física. Y yo ahora la re-
pito. ¡Quién lo iba a decir...!). Todo ese calor (unos 60 billones de megatones) sería suficiente para vaporizar toda el agua de los océanos
de la Tierra (1.500 millones de billones de kilogramos) y calentar todo

ese vapor hasta unos 40.000 grados centígrados. Buf, me pongo a sudar sólo de pensarlo.

El tercer error tiene que ver con el sentido elegido para llevar a cabo la hercúlea hazaña que pretende nuestro benefactor del planeta Krypton. En la película se puede ver a Superman girar en el sentido opuesto al de la Tierra, es decir, desde el Este hacia el Oeste. Con esto, lo único que conseguiría sería incrementar más aún la velocidad de rotación de nuestro planeta.

Para entender esto último es necesario recordar el concepto de momento angular y su conservación para un sistema de partículas. Como es algo complicado definirlo para un público no iniciado, lo voy a explicar con un ejemplo más o menos familiar. Muchas veces habréis visto a los patinadores artísticos sobre hielo detenerse y comenzar a girar sobre sí mismos. Para aumentar su velocidad recogen los brazos en torno al cuerpo y para detenerse los extienden todo lo posible. Esto es una consecuencia de un principio físico general denominado ley de conservación del momento angular. Cuando las fuerzas externas al sistema (el patinador) no producen torques netos (no querráis saber lo que es esto, es algo horrible y no os dejaría dormir por la noche) el producto de su momento de inercia por la velocidad angular debe mantenerse con un valor fijo. Esto significa que si aumenta una de estas cantidades la otra debe disminuir en la misma proporción. Pues bien, cuando el patinador pliega sus brazos lo que está haciendo en realidad es disminuir su momento de inercia y, por tanto, su velocidad angular debe incrementarse. Por el contrario, al

Fotograma de *Superman: el film*, de Richard Donner (1978).

extenderlos se produce un aumento del momento de inercia y su velocidad de giro debe disminuir.

Cuando, en lugar de un solo cuerpo, se tienen más, el momento angular de todo el sistema también debe permanecer constante en el tiempo, siempre que los torques netos de las fuerzas externas al sistema sean nulos o despreciables. Y éste es el caso de Superman y la Tierra. Si consideramos que la única fuerza de interacción entre los dos es la gravitatoria, ésta, por ser una fuerza interna, no influye para nada en el valor del momento angular del sistema Tierra+Superman. Por lo tanto, si todo el momento angular que tiene inicialmente la Tierra debe desaparecer (ya que ésta deja de girar), para que esta cantidad permanezca constante, debe ser adquirida por el segundo cuerpo del sistema (Superman). Como el momento angular es una cantidad de carácter vectorial, resulta que es muy importante el sentido en el que giran los objetos, ya que la conservación de una cantidad implica tanto a su valor numérico (el módulo del vector) como a su dirección y sentido. Luego, si la Tierra gira de Oeste a Este y pierde todo su momento angular, Superman, para adquirirlo, debe hacer tres cuartos de lo mismo (en caso contrario, el sentido del vector momento angular no se conservaría).

Ahora bien, obviando el imperdonable descuido de Superman, vamos a suponer que éste girase en el sentido apropiado. Utilizando de forma explícita le ley de conservación del momento angular, se puede obtener una relación entre la velocidad a la que tiene que describir órbitas entorno a la Tierra y la distancia a la que tiene que hacerlo de la superficie de la misma. Como el guionista de la película nos brinda la inestimable ayuda de dibujar las circunferencias (más o menos redondas) en la pantalla, se puede determinar de forma aproximada su radio por comparación con el de nuestro planeta, que es conocido (unos 6.400 km). Esto arroja una cifra de unos 5.000 km para la distancia de Superman a la superficie terrestre. ¿A qué velocidad debe entonces girar para robarle todo el momento angular a nuestro mundo azul y hacer que se detenga? Pues la formulita y una pequeña calculadora nos dicen que aquélla debe rondar los 20.000 billones de veces la velocidad de la luz en el vacío, un valor con el que no estaría de acuerdo ni el mismísimo Albert Einstein, si pudiese levantar la cabeza.

Quizá estéis ahora mismo pensando que ya es suficiente, pero a buen seguro que más de uno de vosotros estará pensando en qué pasaría si Superman pudiese alejarse aún más de la superficie terrestre y, con ello, ser capaz de disminuir su velocidad. Y estáis en lo cierto, pero, como casi siempre, yo y mi capacidad asombrosa de anticipación ya hemos pensado en ello. Voy a permitir al hombre de acero que se desplace a la décima parte de la velocidad de la luz (por encima de esta velocidad hay que tener en cuenta los efectos predichos por la teoría de la relatividad de Einstein y entonces todo el problema se complica). Si utilizáis ahora la misma ecuación que en la discusión precedente, obtendréis que la distancia a la que debe viajar Superman es de aproximadamente 279 millones de años luz, lo cual no es moco de pavo. Por si esto no resultase suficientemente desolador os diré que, moviéndose al 10 % de la velocidad de la luz, emplearía 2.790 millones de años en ir y otros tantos en volver. Y eso es demasiado, ya que coincide (año arriba año abajo) con el tiempo de vida que le queda a nuestro Sol y, consecuentemente, a nuestro planeta. ¿Encontrará Superman, a su vuelta, a Lois Lane con unos cuantos *liftings* rejuvenecedores? Sólo el tiempo lo sabe porque... la ciencia avanza que es una barbaridad.

31. Las superpajas
de Superman

Esta mañana me encontraba sentado en mi despacho de la facultad, hojeando un libro de texto con la oscura intención de encontrar alguno que otro ejercicio poco adecuado que poner en el examen final de mis estudiantes. De pronto, al pasar página, me encontré con un dibujito donde se podía ver a Superman volando y, al mismo tiempo, sorbiendo agua de un tanque con ayuda de una paja de una longitud considerable. La ilustración correspondía al problema número 12 y decía más o menos así:

«Superman intenta beber agua de un tanque con una pajita de gran longitud. Con su enorme fuerza, consigue realizar la máxima succión posible. Las paredes de la pajita no se juntan entre sí. Calcular la máxima altura a la que es capaz de elevar el agua. Todavía sediento, el hombre de acero repite su intento en la Luna. Calcular la diferencia entre el nivel de agua dentro y fuera de la pajita».

Imaginaos mi reacción. Sentí un no sé qué, un estremecimiento intelectual sin límites, la inmensa e indescriptible estimulación de la materia gris cerebral sacudió todo mi ser. Ante mí se presentaba otro reto, otra oportunidad de provocar el rubor en el más grande superhéroe de todos los tiempos pasados, presentes y futuros. Comencé a segregar saliva cual perro ansioso de Pavlov, el vello de todo mi cuerpo se erizó hasta que pude rascar la pared y arañar la pintura. El sudor me bañaba de arriba abajo, de babor a estribor, por delante y por detrás.

Pero enseguida se me pasó. Recuperé el control de mis facultades mentales y físicas y decidí tomar el camino preferido por la naturaleza,

A pesar de sus superpoderes, Superman se topa, irremediablemente, con las implacables leyes de la física.

es decir, el principio de mínima acción. Así pues, resolví mirar en el apéndice del libro para ver si estaba la solución. ¡Rayos, truenos y centellas! Era un problema con número par y los libros siempre traen las soluciones de los impares. Decididamente, tenía que ponerme a trabajar. ¡Maldición!

Uno, al leer el enunciado de ese problema, nota que Superman no va a ser capaz de elevar el agua a una altura infinita y eso ya es motivo más que suficiente para pensar, una vez más, que nuestro superhéroe se va a topar irremediablemente con las implacables leyes de la física. Además, llama la atención la frase donde se dice que las paredes de la pajita no se juntan entre sí. Por último, asimismo, misterioso resulta ser el asunto de ir a la Luna a beber, pues allí no hay agua, que se sepa y, aunque cargar con el tanque y la pajita a cuestas no sea nada para el último hijo de Krypton, no parece constituir lo que se dice un pasatiempo especialmente entretenido.

Bien, vamos con la solución a las cuestiones planteadas. Lo primero que hay que tener claro cuando se quiere resolver un problema de física es el concepto o los conceptos a los que se alude en la pregunta. ¿Cómo se sabe esto? Muy sencillo, sólo hay que mirar, en el libro, el título del capítulo donde se encuentra el enunciado del ejercicio. ¿Esta sandez es buena, eh? Si es que no hay nada como ser profesor... Bueno, tonterías aparte (aunque seguro que no es la última), se trata de un problema de estática de fluidos, es decir, sobre fluidos que se encuen-

Otto von Guericke,
físico alemán, consiguió
demostrar el enorme valor
de la presión atmosférica.

tran en equilibrio o en reposo, valga la redundancia, y los conceptos físicos involucrados son la presión y la presión atmosférica. Es algo muy habitual no ser consciente de la importancia que tiene el papel que juega la presión atmosférica en nuestras vidas. Una forma sencilla de entender el concepto de presión atmosférica es diciendo que se trata de la fuerza por unidad de área que ejerce el aire sobre un objeto cualquiera y esa fuerza está directamente relacionada con el peso de la columna de aire que se extiende por encima de nuestras cabezas. Una manera más rigurosa de definir el mismo concepto tiene que ver con la denominada teoría cinética de los gases, que no viene muy a cuento en estos momentos de máxima emoción superheroica. Bien, sigamos.

El asunto del peso del aire ya se conocía desde el siglo XVII, a través de los trabajos de gente como René Descartes, Galileo Galilei y Evangelista Torricelli, el cual demostró de forma inequívoca que la presión atmosférica era capaz de sostener una columna de mercurio de 76 cm de altura. En el año 1654, en la ciudad alemana de Regensburg, el burgomaestre de Magdeburg, Otto von Guericke, realizó un experimento que pasaría a la historia. Para demostrar el enorme valor de la presión atmosférica, mandó construir una esfera formada por dos mitades a la cual extrajo todo el aire de su interior. Por cada hemisferio sujetó un grupo formado por 8 caballos cada uno, que tiraban con todas sus fuerzas. El resultado fue que se mostraron incapaces de separar las dos mitades de la esfera, tal era la fuerza que el aire ejercía desde el exterior. Pues bien, hoy sabemos que el valor de la presión atmosférica a nivel del mar es de unos 101.300 pascales (también se conoce como 1 atmósfera). Esto significa que sobre cada centímetro cuadrado de nuestras cabezas hay un peso de un kilogramo, aproximadamente. ¿Y por qué se dice «a nivel del mar»? Pues porque resulta que, a medida que se asciende por los aires (nunca mejor dicho), la presión va disminuyendo debido fundamentalmente a dos razones: hay menos aire y éste es menos denso. Algo análogo ocurre en los líquidos, pues a la vez que aumenta la profundidad de un estanque o un océano, el peso de la columna de agua que queda por arriba se hace más y más grande.

La relación entre la presión en dos puntos situados a diferentes profundidades viene dada por la conocida ecuación fundamental de la hidrostática y ésta establece que dicha relación es lineal con la profundidad, siempre que la densidad del fluido en cuestión se mantenga constante en todo él. También depende de la aceleración de la gravedad y de la propia densidad. Si en la ecuación anterior se sustituyen los valores típicos para la densidad del agua y la aceleración de la gravedad en la superficie terrestre, se encuentra que a una profundidad de poco más de 10 metros, la presión se habrá duplicado con respecto a su valor en la superficie; a 20 metros de la superficie la presión se ha triplicado, y así sucesivamente.

Una consecuencia inmediata de todo lo anterior es que dos puntos de un mismo fluido que se encuentren al mismo nivel o en la misma cota, se encontrarán, a su vez, a la misma presión. Por ello, si se introduce un tubo de vidrio abierto por un extremo (como hizo el mismo Torricelli en su célebre experimento) en el que previamente hemos introducido líquido en un recipiente igualmente lleno del mismo lí-

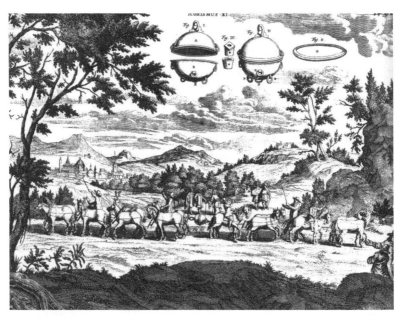

Con el experimento de las esferas de Magdeburgo, que representa el grabado, Otto von Guericke consiguió demostrar en 1654 que cuando el recipiente estaba vaciado de aire, la fuerza de los 16 caballos era incapaz de separar sus hemisferios.

quido, la presión en el punto del fluido que se encuentra en el interior del tubo al mismo nivel que la superficie del fluido en el recipiente será idéntica a la presión atmosférica (suponiendo que el recipiente está abierto «al aire»).

Pero volvamos con Superman y su paja. Cuando uno cualquiera de nosotros bebemos un refresco o cualquier otra bebida con ayuda de una paja, lo que estamos haciendo en realidad no es más que extraer el aire que se encuentra en el interior de la misma. Al hacer esto, la presión disminuye rápidamente, con lo que el líquido asciende sin casi oposición por el interior de la caña, ya que no existe aire que impida el paso de fluido. Este mismo fenómeno se puede observar en multitud de situaciones a las que estamos acostumbrados. Por ejemplo, los paquetes de café envasados al vacío. En ellos se ha extraído todo el aire de su interior, con lo que cuando los cogemos en las manos los notamos como rígidos y, por mucho que los presionemos y los intentemos aplastar o deformar, no lo conseguimos, ya que la presión atmosférica golpea de forma idéntica en todas las caras del paquete (al intentar deformarlos nos pasa exactamente igual que a los caballos del burgomaestre alemán Otto von Guericke).

Otro ejemplo lo podemos encontrar al beber de una botella de plástico cuando ésta se encuentra casi vacía. Si acabamos el agua de su interior y seguimos sorbiendo con todo nuestro morro sin que dejemos entrar nada de aire entre nuestros labios y la boca de la botella, veremos que ésta comienza a aplastarse y las paredes interiores de la misma se acercan cada vez más la una a la otra. La razón de este curioso fenómeno es que, al no haber aire en el interior de la botella (lo hemos extraído al succionar) es la propia presión atmosférica la que la desguaza. Por cierto, éste es un buen método para evitar que los envases ocupen un espacio enorme cuando nos queremos deshacer de ellos. Sólo tenemos que aplastarlos y luego colocarles el tapón. Así, nunca vuelven a hincharse recuperando el volumen inicial, pues hemos impedido la entrada de aire y la presión atmosférica por fuera es más que suficiente para mantener el plástico colapsado. Y esto último me trae a la memoria la parte del enunciado del problema de Superman donde dice que «las paredes de la pajita no se juntan entre sí».

¡Ajá! Claro, al chupar Superman, es justamente lo que debería ocurrir (como en la botella), con lo cual el agua ya no podría ascender más y adiós al problema. Por lo tanto, hay que suponer que el material del que está hecha la paja es de otro mundo (a lo mejor las pajas en Krypton son diferentes que en la Tierra). Quizá sea una superpaja, la superpaja de Superman. Sí, me gusta. ¿Quién hará las pajas en Krypton?

Bien, supongamos que el hombre de acero se ha hecho su propia superpaja y que no derrama ni una supergota de líquido. La siguiente pregunta que nos podemos hacer es a qué se refiere el problema cuando dice «con su enorme fuerza, consigue la máxima succión». Y la respuesta es obvia. La máxima succión se consigue cuando se ha logrado extraer completamente todo el aire del interior de la superpaja, es decir, cuando se ha hecho el vacío o, lo que es lo mismo, la presión en la parte superior de la caña debe ser igual a cero. Más succión imposible, pues eso requeriría un valor negativo de la presión y esto no tiene ningún sentido. Y aquí es donde Superman empieza a perder la batalla, ya que aplicando la ecuación fundamental de la hidrostática se ve fácilmente que la diferencia de presiones entre el nivel superior del agua en la paja y la superficie del tanque debe ser justamente igual a la presión atmosférica del lugar donde se encuentre este último. Si esta presión es la normal, es decir, 1 atmósfera, la altura máxima que alcanzará el líquido en el interior de la paja será de poco más de 10 metros. Evidentemente, esto trae como consecuencia que si la longitud de la superpaja kriptoniana es superior a esos 10 metros, nuestro héroe jamás será capaz de beber por ella. La primera parte del problema está resuelta.

En lo que se refiere a la segunda parte, creo que nuestro amigo de Krypton es lo suficientemente inteligente como para ni siquiera plantearse la cuestión. Si se ha dado cuenta de por qué no puede beber por una paja de más de 10 metros de longitud, habrá comprendido que en un lugar como la Luna, carente de atmósfera, no existe ningún aire que se pueda extraer del interior de ningún sitio. Por lo tanto, la altura que ascenderá el agua será exactamente CERO PELOTERO, CERO REDONDO Y LIRONDO, CERO ABSOLUTO. ¡Súper, olvídate de las superpajas en la Luna...!

32. La sobredosis de un superhéroe

La batalla más difícil la tengo todos los días conmigo mismo.

Napoleón Bonaparte

El primer número del cómic *The Incredible Hulk* (*El increíble Hulk*) vio la luz en mayo de 1962 de las manos y los cerebros de los ya legendarios Stan Lee y Jack Kirby, unos seis meses después de la primera aparición de otro éxito de la Marvel, *Los Cuatro Fantásticos* (*The Fantastic Four*). El protagonista era el doctor Bruce Banner, inventor de la «bomba gamma». Durante la primera prueba con ella es atrapado en la explosión por culpa de las maquinaciones de un espía comunista (cosas de la guerra fría). Como consecuencia de haber sido alcanzado por una dosis letal de radiación gamma, cada vez que se encoleriza, el doctor se transforma en una criatura de color verde fosforescente (existen, asimismo, versiones de Hulk de otros colores, pero no tan llamativos), un energúmeno lleno de ira y furia, con una estatura de algo más de 2 metros y una masa de unos 450 kg (su estatura y su masa en estado Banner, más bien un alfeñique, eran de 1,70 metros y 60 kg). Entre sus habilidades se pueden contar la capacidad para levantar pesos descomunales y arrojarlos a varios kilómetros de distancia o ser capaz de dar grandes saltos con los que se traslada también varios kilómetros en un santiamén.

A pesar del inmediato éxito del cómic, era tal la avalancha de nuevos superhéroes que iba surgiendo que, simplemente, resultaba imposible acomodarlos a todos en las nuevas publicaciones. Así que al cabo de seis ejemplares quincenales se dejó de publicar para dar paso a lo que sería otro mito: *The Amazing Spider-Man* (*El asombroso hombre araña*). Pero la historia de Hulk no acabaría ahí, ya que sería incluido como personaje invitado en las aventuras de otros superhéroes hasta que, de nuevo en abril de 1968, conseguiría su propia publicación, que aún hoy se mantiene.

Portada de *El increíble Hulk,* también conocido como La Masa, superhéroe de ficción de las historietas de Marvel Comics.

Entre 1978 y 1982 se emitieron nada menos que cinco temporadas de una serie de televisión bajo el mismo título que el cómic original, protagonizada por Bill Bixby (Banner) y Lou Ferrigno (Hulk). También existen series animadas y, más recientemente, el largometraje dirigido por Ang Lee, en 2003. Y hasta aquí esta brevísima introducción. ¿Os ha gustado? Pues ahora viene la física. Comienzo ahora mismo.

En los años 60 del siglo XX no se tenía un conocimiento riguroso acerca de los efectos de la radiación gamma sobre los tejidos del cuerpo humano. Desgraciadamente, ese conocimiento se fue adquiriendo paulatinamente gracias a los «experimentos» llevados a cabo mediante los bombardeos de Hiroshima y Nagasaki durante la Segunda Guerra Mundial. La radiación gamma o, simplemente, rayos gamma, no es más que una clase de radiación electromagnética (como la luz, los rayos X, los rayos UV, las ondas de radio, etc.) caracterizada por una longitud de onda que se encuentra por debajo de los picómetros (un picómetro es la billonésima parte de un metro). Esta radiación se produce como resultado de la desintegración radiactiva de elementos tales como el isótopo 137 del cesio, el 60 del cobalto o el más conocido, el 235 del uranio, entre otros. Cuando se produce una explosión nuclear, se emiten grandes cantidades de rayos gamma. Asimismo, se pueden encontrar en fenómenos astrofísicos como la explosión de una supernova o en núcleos activos de galaxias y en los denominados GRB (Gamma Ray Burst o, traducido, estallido de rayos gamma), de los que aún no se conoce bien su procedencia.

¿Existe alguna posibilidad de sobrevivir tras una exposición a la radiación gamma? Los efectos biológicos de las radiaciones se cuantifican mediante la dosis absorbida y ésta se expresa o se mide en una cantidad denominada sievert (abreviado, Sv) en el Sistema Internacional de unidades (los países anglosajones, diferentes ellos para todas estas cosas de las unidades y para conducir por el lado contrario, utilizan una unidad antigua denominada rem, que equivale a la centésima parte del sievert). Por encima de los 8 Sv, los efectos son mortales en el cien por cien de los casos. Entre los 4 Sv y los 8 Sv las posibilidades de sobrevivir se reducen al cincuenta por ciento, pero los efectos serían muy poco halagüeños: leucemia, cáncer de tiroides, cáncer de pulmón u otros. Además, los síntomas de una alta dosis de radiación gamma no son tampoco demasiado agradables: náuseas, vómitos, dolor de cabeza, descenso alarmante del número de glóbulos blancos en la sangre, caída del cabello, daño de las células nerviosas y del tracto digestivo, hemorragias debidas a la reducción del número de plaquetas en sangre y, por tanto, la incapacidad para la coagulación, etc.

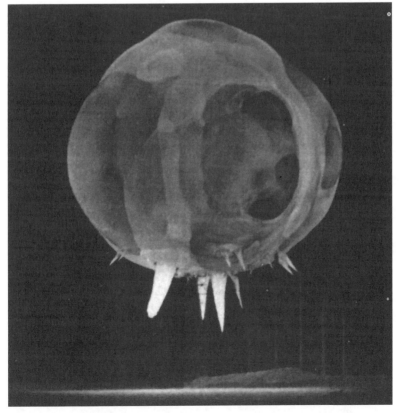

Imagen realizada con una cámara de alta velocidad de una explosión atómica, donde se genera una gran cantidad de radiación gamma.

En una explosión nuclear, la dosis puede alcanzar los 30 Sv hasta una distancia de 50 km del punto cero (es decir, el punto exacto de la detonación) en tan sólo unos pocos minutos. Entre los 50 y los 100 km, la dosis llega a los 9 Sv y, hasta los 500 km de distancia se pueden medir hasta 3 Sv. De esta forma, parece poco menos que una quimera que el doctor Banner haya sido capaz de sobrevivir según se cuenta en el cómic original.

En lo que se refiere a la película protagonizada por Eric Bana y Jennifer Connelly, la dosis recibida se produce en el laboratorio, y la única información que nos aporta Betty Ross (Connelly) es que «la radiación gamma está al máximo» cuando se produce el accidente; además, cuando visita a Bruce en el hospital, le dice que, ante tal suceso, tendría que «estar muerto». Para más inri, éste afirma encontrarse al cien por cien, y añade: «ahora mi rodilla mala es la buena». Extraños efectos los de la radiación gamma, nada que ver con la dura realidad que tan tristemente conocemos desde agosto de 1945. Puede disculparse la falta de base científica del Hulk original por este desconocimiento, pero en el caso del filme de 2003 resulta un tanto decepcionante ver que los guionistas no hayan sabido o no hayan sido capaces de adaptar el personaje a los tiempos actuales, como ocurre, por ejemplo, con el GFP Hulk (Green Fluorescent Protein Hulk o, lo que casi es lo mismo, Hulk de proteína verde fluorescente) que describen Lois Gresh y Robert Weinberg en su estupendo libro *The Science of Superheroes*. Os recomiendo su lectura.

33. Salto de longitud con fundamento

A veces hay que retroceder dos pasos para avanzar uno.

En el capítulo anterior os relataba que entre las habilidades de Hulk se encontraban la capacidad para dar grandes saltos y su fuerza descomunal, que le permite lanzar objetos a enormes distancias. Voy a analizar con un poco más de detalle la primera de estas hazañas. Tengo esperanzas de que no hagáis responsables de ellas a los nanorobots que están en el interior de su cuerpo y que, por lo visto, le han permitido sobrevivir a la sobredosis de rayos gamma tanto a él como a su compañero que igualmente se encontraba en la misma estancia del laboratorio. Por lo visto, con situar las manos sobre los emisores de radiación es suficiente para apantallarla y que no afecte a nadie que se encuentre cerca. Los diseñadores de centrales nucleares deberían utilizar tejidos humanos para construirlas y así evitar potenciales fugas de radiación letal. Al fin y al cabo, ¿qué tienen varios centímetros de espesor de plomo que no tenga un cuerpo humano? En fin, dejaré mi más que dudoso sarcasmo y seguiré con el asunto que me ha traído hasta aquí y que no es otro que el salto de longitud de Hulk.

En la película *Hulk*, de Ang Lee, se puede ver al transformado doctor Banner saltando con suma facilidad enormes distancias (varios kilómetros) tanto con ayuda de carrerilla previa como sin ella. Algunos de vosotros recordaréis de vuestros tiempos en el colegio, instituto o universidad, que cuando un objeto se lanza cerca de la superficie de la tierra con una velocidad inicial y formando un cierto ángulo con el suelo (supuesto horizontal), el movimiento que describe es de tipo parabólico siempre que sobre el objeto únicamente actúe la fuerza de la gravedad, es decir, su propio peso. Para demostrarlo, solamente hay que considerar que el movimiento, que tiene lugar en dos dimensiones, se puede

Hulk concentrándose antes
de realizar uno de sus saltos
de 1.600 km de longitud.

descomponer en otros dos, cada uno de ellos en una única dimensión o dirección y totalmente independientes. El movimiento paralelo al suelo es uniforme (con velocidad constante) y el vertical es uniformemente acelerado (con aceleración constante). De la composición de estos dos movimientos se obtiene de forma inmediata la ecuación de una parábola simétrica. Si el objeto lanzado parte de un punto a la misma altura sobre el suelo que el punto de destino, se observa que la máxima distancia que alcanza (a esta distancia se la denomina alcance) se da cuando el ángulo de lanzamiento es de 45 grados para una velocidad inicial dada. Evidentemente, si se fija el ángulo de lanzamiento, el alcance aumenta con la velocidad inicial. Por otro lado, también se cumple que, en las condiciones anteriores, el punto más alto de la trayectoria es igual a la cuarta parte del alcance. Aplicando estas conclusiones a nuestro amigo verde fosforito, podéis fijar el valor de la distancia a la cual es capaz de desplazarse y obtener la velocidad inicial con la que debe impulsarse para conseguirlo. Se le presupone la inteligencia de su «alter ego», el doctor Banner, y que habrá elegido el ángulo óptimo de lanzamiento.

No os voy a obsequiar con cifras mareantes, pero sí que me voy a ocupar de la situación particular que se cita en la Wikipedia, donde se afirma que en el número 33 del volumen 2 de *The Incredible Hulk*, éste consigue, en un solo salto, desplazarse nada menos que 1.000 millas, o sea, algo más de 1.600 km. Esto es todo lo que necesito para tener una disculpa con la que daros la lata durante unos cuantos renglones más. Si suponéis que Hulk ha elegido el ángulo bueno de 45 grados para saltar, la velocidad con la que debió propulsarse debió de ascender a la espeluznante cifra de 4 km/s o, lo que es lo mismo, 14.400 km/h. Un tipo de la masa de un «mihura» desplazándose a esta velocidad, aunque conserve sus omnipresentes pantalones después de transformarse de Banner en Hulk y viceversa, debería de estar hecho a prueba de huracanes. Oh, pido perdón por esta frase. No recordaba que estoy suponiendo que no hay aire contra el que restregarse las malas pulgas. Mea culpa.

Bien, sigo con otra cosa. La verdad es que la velocidad inicial de nuestro querido saltimbanqui verdoso me decepcionó un poco, pues yo esperaba que fuese suficiente para ponerle en una órbita baja alrededor de nuestro planeta y ver cómo se las apañaba a la hora de bajar de nuevo a tierra. Pero no, ya que esta velocidad necesaria para poner un cuerpo en órbita, conocida como primera velocidad cósmica, tiene el valor de 7,9 km/s. Lástima. En fin, a ver si hurgando un poco más... Bien, el asunto de la altura máxima que alcanza me lleva a obtener que ésta es de 400 km. Bah, otra minucia sin interés. Sin embargo, como no hay rozamiento con el aire, los físicos llamamos a esta situación «ausencia de fuerzas no conservativas» y, por consiguiente, debe conservarse la energía mecánica total de Hulk. Dicho en lenguaje comprensible: Hulk debe llegar al suelo con la misma velocidad con la que inició su salto (os la recuerdo una vez más: 14.400 km/h). ¡Vaya castaña que te vas a dar! Un objeto de 500 kg que llegue al suelo con una velocidad de 14.400 km/h liberará una energía equivalente a hacer detonar media tonelada de TNT. Eso sí que es dejar huella ¿eh?

Hasta aquí la lección de nivel básico. En adelante, doy paso al nivel intermedio. Para tratar el problema expuesto en los párrafos anteriores he supuesto que Hulk es una partícula, es decir, que no tiene tamaño aunque sí posee masa. Además, he supuesto que el punto de partida para su salto y el de destino están situados en la misma línea horizontal. Sin embargo, si alguna vez habéis observado la forma en la que saltan los mejores saltadores, que son los atletas especialistas en salto de longitud, éstos, al caer, flexionan su cuerpo intentando caer hacia delante y evitando golpear con el culete la arena antes de tiempo. Esto hace que el centro de masas de su cuerpo se encuentre más alto sobre el suelo en el punto donde se inicia el salto que en el punto sobre el que se produce la caída. Por otra parte, toda la energía cinética que posee inicialmente el saltador no se invierte en adquirir velocidad para ejecutar el salto, sino que una parte de la misma se gasta en coger altura y otra se transforma en calor y sonido. Si seguimos despreciando la influencia del aire, ahora se demuestra que el ángulo óptimo de despegue para alcanzar la distancia máxima ya no es de 45 grados, sino tan sólo de 35, dependiendo este ángulo de la velocidad inicial que posee el atleta en la carrerilla previa al salto. Cuanto mayor es la velocidad inicial a lo largo de la pista, tanto mayor resulta ser el ángulo óptimo para el salto. Este hecho obliga a los saltadores menos veloces a elegir valores de aquél más pequeños, lo que trae irremediablemente como consecuencia longitudes de salto más pequeñas.

Así, un atleta como el legendario Carl Lewis, que además era un enorme velocista, era capaz de alcanzar la que probablemente pueda ser la mayor velocidad punta lograda por un ser humano hasta la fecha: nada menos que unos 11,5 m/s. Pues bien, corriendo por la pista a esta velocidad, en teoría, sería capaz de efectuar el salto a una velocidad de unos 9,57 m/s, y si utilizase el ángulo óptimo de 33,23 grados saldría disparado a la nada despreciable distancia de 9,69 metros, lo que puede estar bastante cerca del límite teórico para el récord mundial de la especialidad, siempre y cuando los atletas participasen dentro de un palacio de los deportes cerrado al vacío y, por tanto, aguantando imperturbados la respiración.

Por último, la lección de nivel avanzado. Si has llegado hasta aquí, querido lector, te felicito por aguantar este rollo, quizá soporífero para ti, pero te animo a llegar hasta el final. Ya falta poco. ¿Qué ocurre si vamos acercándonos a la realidad y tenemos en cuenta la existencia del aire? Evidentemente, éste debe ejercer una fuerza de arrastre o resistencia viscosa sobre el cuerpo que se mueve en su seno. Ahora bien, tener en cuenta la influencia del aire no resulta tan sencillo, pues dependiendo de su forma explícita el problema, normalmente, requiere un análisis numérico mediante el empleo de un ordenador. Sin embargo, independientemente de la forma concreta del arrastre viscoso, lo que sí se puede concluir es que el aire influye de forma decisiva en la forma

Carl Lewis, atleta estadounidense especialista en pruebas de velocidad
y salto de longitud, ganador de 10 medallas olímpicas,
compitiendo en los juegos de Barcelona (1992).

de la trayectoria descrita por el objeto en movimiento. A modo de ejemplo, os puedo citar tres características de dicha trayectoria en presencia de aire. La primera es que ahora la parábola ya no es simétrica, sino que el tramo descendente de la misma presenta una mayor pendiente que el tramo ascendente. La segunda es que el ángulo para el que se consigue el máximo alcance es menor de 45 grados. Finalmente, la tercera consiste en que tanto la altura máxima como el alcance máximo disminuyen considerablemente, pudiendo llegar este último a ser incluso la mitad del alcance obtenido en ausencia de aire. Aún se podría incluir la presencia de un efecto nada desdeñable, como puede ser el del viento, tanto favorable como contrario. Pero esto lo dejaré para un futuro lejano...

34. Aventamiento de tanque o viceversa

Si algo te resulta difícil, no vale la pena que lo hagas.

Homer Simpson

Para finalizar esta mini trilogía sobre Hulk, me resta por comentaros otro de los prodigios del Gigante Verde (no, no es una marca de maíz enlatado). Se trata del «lanzamiento de tanque» que se puede ver en una de las escenas de furia incontenible con las que nos obsequia el más bestial de los superhéroes de la compañía Marvel. Cuando el ejército lo persigue por el desierto y lo amenaza con toda una unidad de carros de combate, Hulk agarra fuertemente uno de éstos por el extremo de su cañón, comienza a dar vueltas sobre sí mismo y lo lanza por los aires. A estas alturas ya os habréis dado cuenta de que esto no es otra cosa que un tiro parabólico exactamente igual que el que analicé en el capítulo anterior. Sin embargo, trataré de no repetirme y me centraré en algunos aspectos diferentes de la cuestión. Por ejemplo, voy a preguntarme por la velocidad de giro, tanto de Hulk como del tanque, cuando la incontrolable bestia humana hace de molinillo. Para ello, supondré que el tanque es arrojado desde una altura inicial sobre el suelo de 1,5 metros, con una cierta velocidad inicial. Si fijo la distancia a la que sale despedido en una cantidad modesta como puede ser 1 km (esto, ya sabemos, no supone gran cosa para Hulk) y elijo el ángulo óptimo de 45 grados (en ausencia de aire, como siempre), las ecuaciones del movimiento me proporcionan un valor para la velocidad inicial con la que debe salir despedido de 100 m/s o, lo que es lo mismo, de 360 km/h. Esta velocidad se conoce como velocidad lineal cuando la trayectoria del cuerpo que la describe es una circunferencia, como es este caso, ya que el tanque gira en círculos alrededor de Hulk.

La velocidad lineal depende de la distancia entre el punto que se mueve y el centro de la trayectoria circular descrita. Así, cuanto más

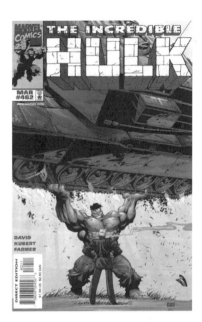

Hulk, en un rapto de furia incontenible, lanza un tanque de 50 toneladas por los aires.

alejado esté el punto móvil, mayor será su velocidad lineal. Sin embargo, la llamada velocidad angular es siempre la misma para todos los puntos del mismo círculo. Si se desea evaluar esta última cantidad, solamente hay que dividir la velocidad lineal entre el radio de la circunferencia descrita.

En el caso de Hulk y el tanque, la distancia de este último al centro de la trayectoria debe determinarse suponiendo que los dos cuerpos en cuestión (Hulk y el tanque) son partículas (otra vez esa chorrada de cosas con masa pero sin tamaño). Como, en realidad, no lo son, los físicos nos inventamos el concepto de centro de masas, que es ese punto mágico (nada que ver con el punto G) en el que se puede considerar concentrada toda la masa del cuerpo. Simplificando un poco el problema, yo he supuesto que el tanque tiene forma de bloque paralelepipédico (más o menos, esto es un ladrillo macizo) con unos 5 metros de longitud, que la longitud de cañón que sobresale del chasis es de 1 metro, la longitud del brazo extendido de Hulk con el que sujeta el tanque también es de 1 metro y que el lugar donde yo sitúo su centro de masas personal e intransferible se encuentra a medio metro del susodicho brazo, encerrado en su fornido abdomen. Por lo tanto, la circunferencia que describe el carro de combate acorazado es de unos 5 metros, aproximadamente, centímetro más, centímetro menos. Así, la velocidad angular con la que debe girar Hulk (y, por tanto, también el tanque) justo en el instante antes de lanzar a su enemigo

En el lanzamiento de martillo, el atleta intenta lanzar los 7,285 kg utilizando la fuerza centrífuga.

por los aires (perdón, por los vacíos, pues he supuesto que no hay aire) debe ser de 3,2 revoluciones por segundo. Os aconsejo que no os pongáis cerca.

Con ayuda del número anterior, resulta sencillo obtener el valor de la fuerza que debe ejercer el tanque sobre los brazos de Hulk. Ésta no es otra que la fuerza centrípeta necesaria para que el cuerpo en cuestión realice un movimiento circular. Seguramente, la habréis experimentado todos vosotros en alguna ocasión al lanzar con una honda. Cuanto más rápidamente hagáis girar la honda, tanto más fuertemente deberéis sujetarla para que no se os escape antes de tiempo. Pues a Hulk debe de ocurrirle otro tanto, sólo que su honda es un carro blindado de 50 toneladas. La fuerza con que debe sujetarlo es de 100 millones de newtons, es decir, el equivalente de aguantar una masa de 10.000 toneladas atada al otro extremo de una cuerda. Los nanorobots deben de proporcionarle una resistencia fuera de lo común a los músculos y huesos de nuestro Hulk.

Otra dificultad con la que debe lidiar el doctor Banner mutante es con la ley de conservación del momento lineal (¡mira que es pesada y omnipresente esta puñetera!). Efectivamente, como Hulk y el tanque forman parte del mismo sistema físico, debe ocurrirles lo mismo que a un sistema bala+pistola tras el disparo. Si el tanque de 50 toneladas sale de los brazos de Hulk a 100 m/s, éste debe salir con su masa de 500 kg despedido en sentido contrario a la increíble velocidad de 10 km/s, casi la velocidad de escape de la superficie de la Tierra, con la salvedad de que ahora no se dirige al espacio, sino directito hacia el suelo. ¿Será el primer viaje al centro de la Tierra de Hulk? Podéis comparar todo lo anterior con el caso de un atleta lanzador de martillo. El martillo consiste en una esfera metálica de 7,2 kg atada mediante una cadena de 1,2 metros de longitud a una agarradera que se sujeta con las manos. El lanzador hace girar el conjunto alrededor de su cuerpo y, cuando ha adquirido la velocidad de lanzamiento, lo suelta. Un buen lanzamiento (digno de medalla en una competición de nivel) puede rondar fácilmente los 80 metros. Si el ángulo de lanzamiento es de 35 grados, la velocidad inicial debe ser de 29 m/s y la angular de 2,3 revoluciones por segundo. La fuerza que actúa sobre los brazos del lanzador asciende a 3.000 newtons. Sin embargo, hay un pequeño detalle que hace realmente diferentes el caso del atleta y de Hulk.

Cuando dos cuerpos giran sometidos únicamente a una fuerza mutua entre ambos, siempre lo hacen alrededor del centro de masas del sistema formado por ellos. Esto ocurre con el Sol y la Tierra, la Tierra y la Luna, un sistema de estrellas binario, etc. En el caso del lanzador de martillo, el centro de masas del sistema se encuentra prácticamente en el interior del cuerpo de aquél debido a que su masa es mucho mayor que la del martillo. Por lo tanto, lo que hace el sistema es girar alrededor del atleta y eso es lo que vemos en televisión (o en el estadio), es decir, la bola parece dar vueltas alrededor del lanzador y éste, a su vez, parece girar alrededor de sí mismo.

Pero ¿qué pasa con el sistema formado por Hulk y el tanque? Como la masa del tanque es de 50 toneladas y la de Hulk es de tan sólo 500 kg, el centro de masas del sistema está situado casi 100 veces más cerca del primero que del segundo, o sea, solamente a unos 5 centímetros del centro de masas del mismo tanque. ¿Quién o qué debe, pues, girar alrededor de qué o quién? Debería permanecer prácticamente estático el tanque y ser el mismísimo Hulk el que describiese circunferencias alrededor de aquél. ¡Qué fea quedaría la escena! ¿No creéis?

35. Kamasutra para un superhéroe

Puedo resistirlo todo, excepto la tentación.

Oscar Wilde

Desde su primera aparición en el mundo del cómic, allá por el año 1961, los personajes de *Los Cuatro Fantásticos* se han convertido en unos clásicos indiscutibles del género. Reed Richards, Ben Grimm y los hermanos Storm, Susan y Johnny, conforman este cuarteto de superhéroes con poderes un tanto peculiares. Tras embarcarse en la expedición de sus vidas a bordo de una nave espacial, se ven sorprendidos por una extraña tormenta cósmica que les afecta a todos ellos de muy diferentes maneras. Susan (o Sue) es capaz de hacerse invisible y de generar campos de fuerza, su hermano Johnny arde como una tea y es capaz de emular al mismísimo Superman volando sin capa, Ben Grimm sufre una metamorfosis de lo más singular que le hace ser de piedra y el doctor Richards descubre que puede estirar, contraer y retorcer sus miembros a voluntad. A partir de aquí, no podían dedicarse a otra cosa que no fuese desfacer entuertos y proteger a la incauta raza humana, siempre presa fácil de supermalvados como Victor von Doom o, más recientemente, el devorador de mundos, Galactus, a través de su heraldo, el Surfista Plateado (siempre he pensado que todos los surfistas eran rubios y de ojos azules).

Dejando a un lado las habilidades del «Hombre de Piedra», más conocido por La Cosa y de su incansable hostigador flamígero, Antorcha Humana, las cuales me resultan francamente difíciles de justificar o analizar desde un punto de vista científico y, dado que ya os he hablado en alguna ocasión de la invisibilidad, me centraré en este capítulo en el personaje del atractivo doctor Richards, apodado con no demasiada originalidad como Mr. Fantástico. ¿Cómo se puede justificar el hecho de que un cuerpo humano pueda alargarse hasta longitudes inimaginables, sin sufrir una rotura, una dislocación o alguna otra lesión, cuando menos, dolorosa? ¿Puede Mr. Fantástico llevar a cabo semejantes hazañas con cualquier parte de su cuerpo? ¿Será el principio del fin de las clínicas donde se practican alargamientos de miembros no favorecidos por la selección natural? ¿Qué hombre no quisiera ser Mr. Fantástico?

En fin, chorradas de rigor aparte, procederé a continuación a daros unos muy buenos consejos para que podáis emular los logros del bueno de Reed. Es bien sabido que todos los materiales habidos y por haber presentan, de una manera u otra, ciertas propiedades elásticas. En particular, las sustancias sólidas que existen en la naturaleza nunca son perfectamente rígidas, es decir, siempre que les apliquemos una fuerza suficientemente poderosa, se deformarán y cambiarán de aspecto. Así, por ejemplo, una barra de forma cilíndrica, puede aumentar o disminuir de longitud cuando se le aplican sendas tensiones en cada uno de sus extremos, ya sean hacia fuera del cilindro (tracción) o hacia dentro del mismo (compresión), respectivamente. Existe una relación matemática entre el aumento relativo de la longitud (deformación) de la barra y la fuerza por unidad de área transversal (esfuerzo) que hemos aplicado, a través de un parámetro físico denominado módulo de Young o módulo de elasticidad.

Lo más llamativo e importante de este módulo de Young es que no depende para nada del tamaño ni la geometría del cuerpo, sino únicamente de la naturaleza física del mismo, es decir, exclusivamente del tipo de material del que esté constituido. Si se representa en una grá-

Mr. Fantástico es capaz de alargar sus brazos como si de un chicle se tratase.

Los Cuatro Fantásticos es otra historieta de la compañía Marvel Comics. Los protagonistas adquieren poderes fantásticos después de que el cohete experimental en el que viajaban atravesara una tormenta de rayos cósmicos.

fica la variación del esfuerzo en función de la deformación, se puede observar una zona recta o lineal, lo cual significa que, si se duplica la fuerza por unidad de área, la variación relativa de longitud también se duplica. Sin embargo, si se siguen incrementando bien la tracción, bien la compresión sobre el material, llega un momento en que la longitud del mismo se modifica más rápidamente de lo esperado. En este caso, se suele decir que el cuerpo ha sobrepasado su límite elástico, quedando deformado permanentemente. La consecuencia inmediata es que ya no recupera su forma original.

En la gráfica anterior se pueden distinguir otras regiones, como la denominada «zona de fluencia». Cuando el material se encuentra en esta región, incrementos pequeños en el esfuerzo dan lugar a deformaciones sustanciales que pueden conllevar, en algunos casos, la rotura. Al alcanzar el llamado límite de rotura, la fractura del cuerpo no se produce de forma instantánea ya que se modifican, al mismo tiempo, sus propiedades físicas, sufriendo deformaciones incluso en ausencia de esfuerzos aplicados. Si las tensiones son suficientemente pequeñas como para no rebasar el límite elástico pero se mantienen durante lapsos de tiempo prolongados, no dan lugar a deformaciones permanentes pero, en cambio, aparece la llamada histéresis elástica, en la que el material recupera casi su longitud original, pero al cabo de un cierto tiempo más o menos largo.

Materiales como el acero presentan un módulo de Young de 200.000 millones de pascales, el del granito es cuatro veces menor, el del cobre es poco más de la mitad y el del aluminio es la tercera parte. Si una barra de acero se alarga por encima de un 0,15 % de su longitud inicial, se habrá rebasado su límite elástico. Si la relación entre el esfuerzo aplicado y la deformación fuese siempre lineal, como ocurre siempre dentro del límite elástico, la presión que habría que aplicarle a la barra para duplicar su longitud debería ser igual a su módulo de Young, o sea, 200.000 millones de pascales, que es prácticamente la presión que existe en el centro de la Tierra.

A la vista del párrafo anterior, parece que nuestro superhéroe de canosas patillas lo tiene más que difícil para lograr proezas como las que nos pretende hacer creer. Existen materiales, denominados elastómeros, que pueden duplicar o triplicar su longitud inicial. La arteria aorta presenta un parecido considerable con un elastómero como el caucho. Sus límites elástico (1,21 millones de pascales) y de rotura (1,27 millones de pascales) son casi iguales, lo que significa que es posible estirarla hasta casi romperla sin producirle una deformación permanente. Sin embargo, para duplicar su longitud habría que someterla a un esfuerzo de 0,79 millones de pascales. Ésta es prácticamente la presión que existe en el océano, a unos 70 metros de profundidad. Otras partes diferentes del cuerpo humano, como son los huesos, presentan módulos de Young casi 10 veces inferiores al del acero. Así, por ejemplo, un fémur tiene por módulos de Young 16.000 millones de pascales cuando se le somete a tracción y tan sólo algo más de la mitad de ese valor cuando es sometido a compresión. Una vértebra presenta valores cien veces más pequeños que los correspondientes al fémur y casi iguales que los de una uña del dedo pulgar. Finalmente, una oreja sólo puede soportar deformaciones del 30 % antes de romperse (¿habrán experimentado con un sujeto vivo para llegar a determinar este valor?), un cabello, del 40 % (cuando se le cuelga una masa de 120 gramos, se rompe), y un fémur, únicamente de un 1,4 %, haciendo falta un peso de 5 toneladas para hacerlo quebrarse.

¿Cómo hace, entonces, Mr. Fantástico para conseguir alargar sus brazos o sus piernas hasta longitudes inimaginables y que el cúbito, el radio o el fémur no se queden atrás, dejando completamente fláccido el miembro en cuestión? ¿De dónde surgen las fuerzas que dan cuenta de las deformaciones? ¿Será otro mecanismo físico el responsable de sus superpoderes? Una alternativa posible podría ser el aumento de temperatura de su cuerpo. Efectivamente, todos sabemos que al aumentar la temperatura de un cuerpo se produce casi siempre una dilatación del mismo (el agua constituye una excepción, ya que entre 0 °C y 4 °C aumenta de volumen al enfriarse, como habréis comprobado más de una vez al introducir una botella demasiado llena en el congelador de vuestro frigorífico). El incremento en la longitud que sufre un cuerpo al experimentar un cambio en su temperatura se puede cuantificar mediante el llamado coeficiente de dilatación lineal. La mayoría de los cuerpos sólidos presentan valores de este coeficiente del orden de 0,00001 K^{-1}. Análogamente a lo que sucedía con el módulo de Young, el inverso del coeficiente de dilatación lineal representa el incremento de temperatura necesario para que la longitud del cuerpo se duplique. Además, los cuerpos se dilatan tanto más cuanto más grande es su longitud inicial. Así, por ejemplo, una barra de hierro de medio metro de longitud que se encuentra a 15 °C, deberá alcanzar los 84.000 °C para que su longitud sea de un metro. Verdaderamente hay que poner caliente a Mr. Fantástico para que sus miembros puedan alargarse hasta donde se puede ver en las escenas de máxima acción. ¿Tendrá todo ello algo que ver con las dudas que parece albergar Sue Storm a la hora de casarse con él? ¿Por qué todas las mujeres le miran con expresión satisfecha durante la despedida de soltero que celebra en el filme *Los Cuatro Fantásticos y Silver Surfer*? ¿Cuál es la extraña razón por la que no se dilata Johnny Storm cuando se encuentra bajo su aspecto de Antorcha Humana?

La verdad es que, quitando las alegrías sexuales que le pueda proporcionar Reed a la neumática Sue (y viceversa), el asunto de los hijos va a ser más complicado. A poco que se dilate nuestro amigo con la temperatura, los espermatozoides, tan sensibles ellos que se esconden en la bolsa escrotal, fenecerán y su esterilidad podría ser motivo serio de divorcio. Mejor probar posturas nuevas y dejar la descendencia para otros...

36. (Surfeando) con tablas y a lo loco

Sé pacífico; no vengarse puede ser también una forma de venganza.

Danny Kaye

El universo está llegando a sus últimos días de existencia, antes de desaparecer precipitándose hacia un punto central de densidad infinita, de donde volverá a renacer tras una gran explosión. En este momento crítico de la historia cósmica, el planeta Taa alberga la civilización más avanzada del Cosmos. Galan, un explorador encargado de buscar una salvación para su mundo, fracasa en su intento adquiriendo a cambio una nueva forma desconocida de energía y regresando al recién formado nuevo Cosmos bajo la forma de Galactus, el devorador de mundos. Después de vagar durante eones en su navemundo del tamaño de un sistema solar, fue evolucionando hasta adquirir el aspecto de la raza que en cada momento le esté observando, con una estatura de casi 9 metros y un peso de más de 18 toneladas y el poder de consumir toda la energía de otros planetas. Al principio, estos mundos estaban deshabitados y el apetito de Galactus no era demasiado voraz pero, con el tiempo, la cosa cambió. En uno de sus ataques, se dirigió al planeta Zenn-La, hogar de una raza de seres con aspecto humano y de existencia pacífica y despreocupada. Allí, huérfano desde muy joven, Norrin Radd soñaba, junto a su amada Shalla-Bal, con una vida plena de aventuras y emociones. En un intento desesperado por salvar su planeta, Norrin consiguió convencer a Galactus para que lo perdonase. A cambio, le prometió convertirse en su heraldo, comprometiéndose a buscarle otros mundos con los que saciar su implacable hambre. Galactus aceptó y lo transformó en el «Surfista Plateado», un ser imbuido de un poder cósmico que le otorga la capacidad de viajar por el hiperespacio a bordo de una tabla virtualmente indestructible.

*Los Cuatro Fantásticos y Silver
Surfer*, de Tim Story (2007).

A grandes rasgos esta es la presentación, tal y como aparecía en el
número 48 de *Fantastic Four I* (1966), de Galactus y su heraldo o men-
sajero, el Surfista Plateado, también conocido como «Estela Plateada»
o «Silver Surfer». Una historia que, muy poco afortunadamente, queda
diluida en la oscuridad nebulosa del filme de la saga de *Los Cuatro
Fantásticos* titulado precisamente *Los Cuatro Fantásticos y Silver Surfer*
(*4: The Rise of the Silver Surfer*, 2007). En esta película, aparte de no dejar claros los motivos por los que Raad se unió a Galactus y la razón por
la que éste se dedica a devorar planetas (fijando ahora su objetivo en
nuestro mundo), se da a entender que su amada pereció durante el
ataque a Zenn-La, cosa que no ocurre en el cómic original, donde, por
otro lado, es Alicia Masters (la compañera ciega de Ben «La Cosa»
Grimm) la que le convence de que reflexione sobre lo que intenta hacer con los inocentes habitantes de la Tierra. En la película este mérito
se le atribuye a Susan Storm (la Chica Invisible), lo que le cuesta una
muerte temporal, pues el Surfista, conmovido, le devuelve la vida haciendo uso de su poder cósmico. Al final tampoco resulta evidente cuál
es el destino que corre Galactus, si es destruido (poco creíble) o tan
sólo es alejado de nuestro sistema solar. Por cierto, y ésta es una opinión muy personal, considero un acierto la forma bajo la que se muestra a Galactus en la pantalla, sin un aspecto claramente definido, a diferencia de lo que ocurría en las páginas del cómic, confiriéndole un
halo de misterio y una sensación de terror realmente estremecedora.
    Algo que parece bastante obvio es que la forma de desplazarse por
el espacio interestelar que tiene nuestro, primero, cruel enemigo, y

luego, salvador, el Surfista Plateado, debe diferir enormemente de la manera en la que lo hacen los muchachos de ojos azules y despeinadas cabelleras rubias agitadas por la brisa marina en las playas de Hawaii a bordo de sus tablas de surf. ¿Por qué? Pues por la sencilla razón que, como todos sabéis, las tablas de surf necesitan de olas para ser lo que son y hacer lo que hacen y éstas resultan francamente difíciles de observar en el aire de la atmósfera terrestre y, más aún, en el vacío del espacio. Para poder hacer surf sobre el agua es preciso satisfacer dos condiciones físicas: la primera tiene que ver con la flotabilidad, es decir, que la tabla junto con su pasajero han de ser capaces de mantenerse sobre la superficie del agua por la que pretenden desplazarse; la segunda es un simple requerimiento de equilibrio, o sea, que la tabla no debe experimentar movimientos de rotación bruscos que la obliguen a liberarse de su confiado pasajero. Voy, a continuación, a detenerme brevemente en cada una de las dos anteriores circunstancias.

La flotabilidad viene impuesta por el principio de Arquímedes, el cual afirma que si un cuerpo se encuentra sumergido en un fluido (aquí se incluyen tanto los líquidos como los gases) siempre estará sometido a una fuerza (denominada empuje hidrostático) que le empujará verticalmente hacia arriba, obligándole a abandonar el mismo, siendo la magnitud de esa fuerza igual al peso que tendría un volumen del fluido idéntico al que presenta la porción de cuerpo sumergida en él. Resulta, entonces, que un cuerpo flotará siempre que su peso sea igual o inferior al empuje hidrostático, hundiéndose en caso contrario. Si se aplica el principio de Arquímedes al caso concreto de una tabla de surf con jinete incluido, se obtiene que la condición de flotabilidad se satisface cuando la suma de los pesos del surfista y de la tabla compense exactamente al empuje que actúa sobre esta última o, equivalentemente, cuando la presión ejercida por el agua sobre la base de la tabla de surf iguale a la presión ejercida por el surfista sobre el piso. Si se manipula algebraicamente la ecuación anterior se llega a la conclusión de que la densidad de la plancha de surf debe ser considerablemente inferior a la densidad del agua, difiriendo ambas tanto más cuanto más pequeño sea el peso del surfista o, igualmente, cuanto mayor sea el área superficial de la tabla. Sin embargo, esto último tiene como contrapartida una disminución en la maniobrabilidad. Para contrarrestar este inconveniente se utilizan materiales de alta tecnología, como las fibras de vidrio, que permiten el uso de tablas más pequeñas, ligeras y manejables. En el caso de que la superficie de la plancha presentase un área de 1 metro cuadrado, un grosor de 5 centímetros (estando 3 de ellos por debajo de la superficie del agua) y el surfista pesase unos 70 kilogramos, la densidad debería ser casi la mitad que la del agua.

202 | SERGIO L. PALACIOS

En lo que se refiere al equilibrio, éste viene impuesto por las leyes del movimiento de Newton. Dado que el centro de gravedad de la tabla está situado hacia la cola de la misma, donde se encuentra el timón, el pasajero debe adoptar una postura no demasiado adelantada para evitar una rotación hacia delante, pero tampoco demasiado atrasada, pues se produciría una rotación hacia atrás. Claro que todo esto no es riguroso, pues debe tenerse en cuenta, asimismo, la fuerza ejercida por el agua sobre la tabla. La consecuencia es que se producen dos torques o momentos que tienden a hacer girar el sistema en uno u otro sentido, dependiendo de sus valores relativos. Y no hay que olvidar que también se pueden producir rotaciones no deseadas tanto a babor como a estribor de la tabla. Saber jugar con las posiciones del cuerpo, sacando provecho de estos movimientos rotacionales, tiene que ver con la pericia de cada deportista particular.

Con los dos párrafos anteriores ya sólo resta conocer ciertas características de las olas para comprender un poco mejor qué hace posible un deporte tan espectacular como el surf. Si pudiésemos ser capaces de observar una sección transversal de una ola, tanto por encima como por debajo de la superficie del agua, podríamos comprobar que las moléculas de fluido describen movimientos circulares. Si nos encontramos lejos de la costa, en aguas profundas, estas moléculas llevan a cabo su movimiento sin impedimento alguno. Si embargo, cuando las aguas tienen poca profundidad, como cerca de la playa, la parte inferior de la ola entra en contacto con el suelo marino, con lo cual el movimiento, antes circular, se hace ahora elíptico, provocando que la parte superior de la ola alcance y supere a la inferior, rompiendo por su propio peso. Según sea el perfil concreto de la playa y las características particulares del fondo marino, se establece lo que se llama «zona de surf». Ésta suele coincidir a partir del punto donde la profundidad del agua es de unas 1,3 veces la altura de las olas.

Cuando un surfista intenta coger una ola debe hacerlo intentando adaptar lo máximo posible su propia velocidad con la tabla a la velocidad de la ola. Esto requiere una cierta práctica, ya que, como puede demostrarse, a medida que aumenta el tamaño de las crestas también aumenta proporcionalmente la velocidad de las mismas. Un simple cálculo permite obtener que éstas pueden alcanzar unos cuantos metros por segundo, por lo que el deportista debe impulsarse fuertemente con los brazos hasta igualar su marcha con la de la ola.

Después de todo lo anterior, resulta aparente que el terrorífico heraldo de Galactus lo tiene algo más que complicado para navegar libre y velozmente tanto por el vacío sideral como por nuestra propia atmósfera. ¿Existe, pues, alguna solución para su medio de transporte intergaláctico? Dejando a un lado los problemas del equilibrio sobre la tabla (seguramente, Galactus lo debe haber instruido adecuadamente al respecto), la condición de flotabilidad requeriría que la preciosa y reluciente plataforma plateada tuviese una densidad inferior a la del aire, cosa que se me hace harto complicada a no ser que estuviese constituida por algún otro gas, como el hidrógeno (altamente inflamable) o el helio, entre otros. Aunque eso no es lo que parece mostrarse en la película, está también la cuestión de cómo mantenerse en pie so-

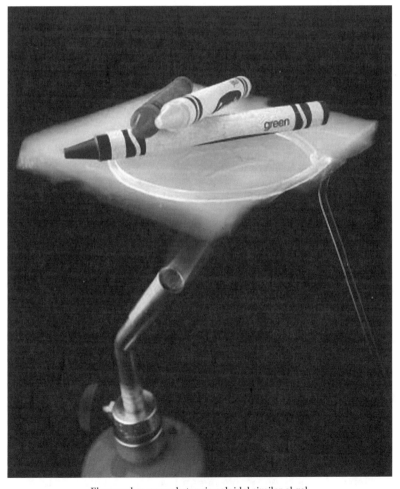

El aerogel es una substancia coloidal similar al gel,
en la cual el componente líquido es cambiado por un gas, capaz de soportar grandes
pesos gracias a su resistencia y ligereza.

A medida que aumenta el tamaño de las crestas también aumenta proporcionalmente la velocidad de las olas, el momento ideal para un surfista.

bre un cuerpo gaseoso. Más bien, la tabla parece de naturaleza sólida y desprende su propia energía, que es utilizada por el propio Surfista Plateado para atacar o defenderse e incluso «absorber» todo el poder mortífero de un misil con el que es atacado por el siempre eficaz y omnipresente Ejército de Estado Unidos.

¿Podría estar constituida la maravillosa tabla interestelar por algún material de bajísima densidad y, al mismo tiempo, altísima resistencia y consistencia sólida? Hay que tener en cuenta que el heraldo de Galactus ha de atravesar el vasto océano intergaláctico, soportando todo tipo de condiciones, como calor abrasador al pasar por las inmediaciones de alguna estrella o frío extremo en su periplo por el vacío existente entre unos y otros cuerpos astronómicos. Quizá la respuesta se encuentre en un nuevo material desconocido para los terrícolas, uno que podría no diferir demasiado de otro que, en cambio, sí tenemos aquí, en nuestro planeta y ahora mismo. Se trata del asombroso «aerogel», sintetizado en 1931 por Samuel Kistler. Está formado por una pequeñísima proporción de sílice (también puede ser alguna otra sustancia como la alúmina o el circonio) y un 99,8 % de aire atrapado en una estructura que le proporciona una consistencia sólida, pero muy ligera y asombrosamente resistente. Debido a su apariencia, en ocasiones se le denomina «humo azul» y su tacto es semejante a la espuma. Posee una densidad tan sólo tres veces superior a la del aire y figura en el libro Guinness de los récords como el sólido con menor densidad. Entre sus propiedades destaca la ligereza, que lo hace prácticamente flotar en el aire, una resistencia increíble que permite que soporte varios cientos de veces su peso colocado sobre su superficie, y una bajísima conductividad térmica que le hace extraordinariamente resistente a las temperaturas extremas, tanto varias decenas de grados por debajo de cero como varios miles por encima. ¿Y si Norrin «Silver Surfer» Raad dispusiese de una tabla hecha de «galactogel», formada por un gas más ligero que nuestro aire atrapado en una sustancia sólida y manufacturada por una civilización avanzada, cuya existencia se remontase a una época anterior al enésimo Big Bang?

37. Ninguna de cal
y una de arena

Ser natural es la más difícil de las poses.

Oscar Wilde

Según se cuenta en la *Enciclopedia Marvel de Spiderman*, William Baker era tan sólo un niño cuando fue abandonado por su padre. No teniendo ni para comer, enseguida cayó en la tentación de la delincuencia. Para desenvolverse en el mundillo del hampa, adoptó el nombre falso de Flint Marko. Así, acabó entre rejas. Al cumplir su condena, buscó a su antigua novia, pero ésta había preferido no esperarle, optando por jugar a papás y a mamás con el gángster Vic Rollins. El siguiente paso fueron los crímenes pasionales, que dejaron un reguero de sangre por toda la ciudad. Encarcelado de nuevo, consiguió fugarse por un desagüe y se refugió, cómo no, en unas instalaciones dedicadas a la investigación nuclear. Como ya es habitual en el mundo del cómic, nunca trae buenas consecuencias guarecerse en sitios semejantes y, claro, pasó lo que tenía que pasar. Durante uno de los numerosos experimentos, Marko sufrió una exposición accidental que le acarreó unas terribles e inesperadas consecuencias. Su cuerpo podía adquirir la consistencia de la arena, cuya forma y tamaño era capaz de controlar mentalmente. Surgía así, en el número 4 de *Amazing Spider-Man* (1963), el increíble «Hombre de Arena». Más de 40 años después, el mismo personaje apareció en la segunda secuela de la última versión cinematográfica del «hombre araña», *Spiderman 3* (*Spider-Man 3*, 2007). En este filme, la historia de Flint Marko se modifica sensiblemente para hacerle responsable de la muerte del tío de Peter Parker. Esta vez, las instalaciones nucleares donde encontraba refugio el William Baker original se han cambiado por un centro de investigación en física de partículas. Durante su huida de la policía, Marko se precipita en un

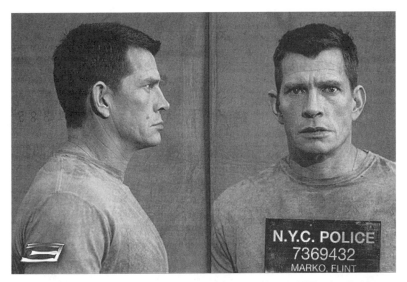

Ficha policial del maleante Flint Marko, antes de convertirse en El Hombre de Arena, acérrimo enemigo de Spiderman, en *Spiderman 3*, de Sam Raimi (2007).

recinto donde se pretende llevar a cabo una prueba de «desmolecularización» de una pila de arena ordinaria. Uno de los técnicos de la sala de control del experimento percibe un cambio en la masa que se encuentra en la trampa donde ha caído Flint. No detienen la prueba porque atribuyen este imprevisto a «algún pájaro» que, suponen, saldrá de allí pitando en cuanto comience el ajetreo de aparatos luminosos y zumbadores. ¿Habrán visto alguna vez un ave de 85 kg?

Al cabo de unas horas, nuestro arenoso supervillano despierta y se encuentra a sí mismo trocado en un buen montón de sílice. Cual gacela recién nacida, y tras unos primeros intentos fallidos, logra enseguida dominar el control de su forma, tamaño y compacidad, llegando a ser capaz de asir objetos sólidos sin disgregarse. Con este superpoder y una ciega sed de venganza ya tenemos los ingredientes para una nueva aventura de nuestro amigo y vecino... Spiderman.

Cuando se estrenó *Spiderman 3*, pensé que nunca sería capaz de escribir algo donde pudiese estudiar la física de un tipo capaz de transformarse en un castillo de playa, ni tampoco la de un ser vivo procedente del espacio cuya habilidad consistiera en cubrir un cuerpo de un huésped con una especie de regaliz negro. Pero, hete aquí que mi deslumbrante capacidad de relacionar ficción con realidad volvió a sacudirme con un chispazo fulgurante de inspiración y recordé un artículo del que había oído hablar unos años atrás. En este trabajo, publicado

Spiderman consigue derrotar al Hombre de Arena con un aspirador industrial.

en 1987 por la prestigiosa revista *Physical Review Letters*, sus autores Per Bak, Chao Tang y Kurt Wiesenfeld establecían las bases de una nueva teoría, denominada «criticidad auto-organizada». Estos sesudos señores se dieron cuenta de que muchos de los sistemas complejos que podemos encontrar en la naturaleza parecían comportarse de una forma muy peculiar. Dichos sistemas complejos —y con lo de complejos quiero decir que están formados por un enorme número de elementos constitutivos que interactúan entre sí unos con otros— presentaban unas propiedades globales que no parecían corresponderse con la suma de las propiedades de cada uno de los constituyentes individuales, es decir, aparecían comportamientos no lineales. Con un ejemplo menos abstracto se entiende mejor. Imaginad que estáis formando parte de una manifestación que aboga por la igualdad entre hombres y superhéroes. Todos sois muy buenas personas y para nada violentos cuando estáis solos en vuestros cálidos hogares. En cambio, cuando os dirigís todos de la mano y lanzando eslóganes a los cuatro vientos, un no sé qué adrenalínico os bulle en vuestro interior y sentís unas irrefrenables ansias destructoras contra las papeleras y las cabinas telefónicas. Esto es lo que quiero decir con que el comportamiento del todo (la muchedumbre reivindicadora) no es la suma de las partes (cada buena persona, por separado). Pues bien, el doctor Bak y sus colaboradores notaron que este comportamiento no era en absoluto excepcional, sino al contrario, parecía abundar en el mundo físico. Efectivamente, encontraron todo tipo de sistemas que presentaban un comportamiento crítico auto-organizado: los incendios forestales, los terremotos, el tráfico en las ciudades, los mercados financieros, etc.

El modelo que se utiliza, desde entonces, como paradigma de la teoría de la criticidad auto-organizada es el denominado modelo de la pila de arena, un sistema que puede a simple vista parecer enormemente simple y que, sin embargo, no lo es. Los modelos de pila de arena se han estudiado tanto desde el punto de vista puramente teórico (con ayuda de simulaciones numéricas por ordenador) como desde una perspectiva puramente experimental. Los primeros en llevar esta experiencia a cabo fueron Glenn A. Held y sus colaboradores, mientras trabajaban en los laboratorios de IBM en el año 1990. El experimento que idearon consistía en dejar caer arena desde un embudo (un tanto sofisticado, pues era capaz de dejar pasar los granos de uno en uno) sobre una plataforma plana y circular. Los granos iban depositándose allí a razón de uno cada 15 segundos. Empezaron por colocar una base de 4 cm de diámetro. Empleando una balanza de precisión (que alcanzaba a medir la diezmilésima de gramo), medían la masa de cada grano de arena individual. Dejaron depositarse la arena ininterrumpidamente durante 2 semanas..., y observaron. ¿Qué observaron? Pues que en ciertos momentos, que resultaban del todo impredecibles, se producían avalanchas. Como eran capaces de pesar en todo momento la cantidad de arena que se encontraba sobre la plataforma, siempre sabían el número de granos que se habían precipitado por la ladera de la pila que se formaba. Llegaron a varias conclusiones muy llamativas. Por un lado, tenían lugar avalanchas de todos los tamaños. Por otro, el número de avalanchas de un determinado tamaño disminuía con éste, es decir, había pocas avalanchas muy grandes, algunas más eran sólo grandes y otras muchas eran pequeñas. Pero siempre terminaban ocurriendo, y el momento del acontecimiento era totalmente impredecible.

La pila de arena siempre parecía evolucionar hacia un estado crítico, que tenía lugar para una inclinación también crítica de la pendiente. Este momento particular aparecía en el preciso instante en que la cantidad de arena que salía por el embudo era igual que la que se derramaba fuera de los límites de la plataforma circular sobre la que se depositaban los granos. A partir de esta situación crítica, el sistema podía sufrir una avalancha de cualquier tamaño en cualquier instante. Cuando esto sucedía, el sistema volvía de nuevo a auto-organizarse hasta volver a alcanzar el punto crítico. ¿No resulta

¿Existe una razón por la que los niños construyen
sus castillos de arena cerca del mar?

obvio ahora el nombre de criticidad auto-organizada? Held y sus colegas aún obtuvieron una conclusión más sorprendente. Cambiaron la plataforma circular de 4 cm de diámetro por otra de 8 cm. Y lo que observaron fue que tan sólo se producían avalanchas de gran tamaño, desapareciendo las pequeñas por completo.

Llegados a este punto, parece bastante evidente que nuestro sorprendente hombre de arena lo tiene realmente crudo para controlarse, pues o bien conoce mejor que nosotros los recovecos de la teoría de la criticidad auto-organizada o bien dispone de un mecanismo secreto para manipular sus molestos y picosos granos. Por todo su arenoso cuerpo abundan regiones formadas por pilas de arena de todos los tamaños posibles. Así pues, tarde o temprano, sufrirá avalanchas impredecibles de todos los tamaños imaginables, incluidas unas pocas de proporciones catastróficas que le dejarán hecho un amorfo de cuidado. Ni siquiera le serviría humedecerse, pues también se demuestra que la arena húmeda alcanza, igualmente, un estado crítico, siempre que uno no se exceda en la cantidad de agua, como hace el mismo Spiderman (esta vez con el impresionante traje negro simbiontizado) y acabe provocando una disgregación total de la pila. La única diferencia con respecto a la arena seca es que, esta vez, la pendiente crítica de la montañita es ligeramente superior.

Quizá por eso los niños construyen sus castillos de arena junto a la orilla del mar...

¿Continuará...?

Listado de películas citadas en el texto

(por año de producción)

Título en español: *La mujer en la Luna*
Título original: *Frau im Mond*
Año de producción: 1929
Dirección: Fritz Lang
País: Alemania
Argumento: El profesor Mannfeldt es el autor de un tratado sobre la posibilidad de encontrar oro en la Luna. El empresario Helius le propone realizar un viaje a nuestro satélite con el objetivo de demostrar sus teorías. Pero alguien más está interesado en ese viaje.

Título en español: *El hombre invisible*
Título original: *The Invisible Man*
Año de producción: 1933
Dirección: James Whale
País: Estados Unidos
Argumento: El doctor Griffin experimenta con un suero que tiene la capacidad de hacer invisible a quien lo ingiere. Sin embargo, la maravillosa pócima también presenta efectos secundarios.

Título en español: *Con destino a la Luna*
Título original: *Destination Moon*
Año de producción: 1950
Dirección: Irving Pichel
País: Estados Unidos
Argumento: El empresario Archer, el general retirado Powers y el investigador aeroespacial Anderson colaboran en la puesta en órbita de un cohete propulsado con energía atómica. Construyen la nave espacial *Luna* en una base secreta del desierto de Mojave, pero agentes de una potencia extranjera intentan saboutearles. Cuando ven peligrar la misión, deciden adelantarse a sus enemigos y despegar con destino a la Luna.

Título en español: *Ultimátum a la Tierra*
Título original: *The Day the Earth Stood Still*
Año de producción: 1951
Dirección: Robert Wise
País: Estados Unidos
Argumento: El alienígena Klaatu llega a la Tierra con la misión de hablar con los dirigentes políticos. Trae un mensaje de advertencia: o dejamos de utilizar la energía atómica para fabricar armas de destrucción masiva o nos tendremos que enfrentar a las consecuencias.

Título en español: *Regreso a la Tierra*
Título original: *This Island Earth*
Año de producción: 1955
Dirección: Joseph M. Newman
País: Estados Unidos
Argumento: El doctor Meachan y otros científicos son reclamados por los habitantes del planeta Metaluna para ayudarles a encontrar el uranium, un mineral necesario para la supervivencia de su planeta. Pero los doctores descubren que el propósito de los extraterrestres no es otro que invadir la Tierra. Sólo Exeter, uno de los científicos de Metaluna, parece estar en contra de la invasión. Los científicos se disponen a destruir el laboratorio e intentar huir del planeta.

Título en español: *La Tierra contra los platillos volantes*
Título original: *Earth vs. the Flying Saucers*
Año de producción: 1956
Dirección: Fred F. Sears
País: Estados Unidos
Argumento: El doctor Russell Marvin dirige la operación Skyhook, consistente en enviar cohetes hasta las capas altas de la atmósfera. Misteriosamente, todos los cohetes están desapareciendo. Mientras investigan los hechos, Russell y su ayudante, su esposa Carol Marvin, son abducidos por un platillo volante. Los alienígenas dicen proceder del planeta Marte y demandan un encuentro con ciertas personalidades con el propósito de negociar. Sin embargo, se trata de un engaño, ya que los marcianos únicamente pretenden asesinarlos. La invasión ha comenzado y puede ser el fin de la raza humana.

Título en español: *Planeta prohibido*
Título original: *Forbidden Planet*
Año de producción: 1956
Dirección: Fred M. Wilcox
País: Estados Unidos

Argumento: Una expedición es enviada desde la Tierra hasta el planeta Altair IV donde se encontraba una colonia con la que se ha perdido contacto. Todos los miembros de esta colonia, excepto el doctor Morbius y su hija, han fallecido hace años atacados por una increíble criatura. De repente, ésta vuelve a manifestarse.

Título en español: *La mosca*
Título original: *The Fly*
Año de producción: 1958
Dirección: Kurt Neumann
País: Estados Unidos
Argumento: Un científico, André Delambre, después de probar una transferencia de materia con él mismo, observa cómo su cabeza y un brazo toman la apariencia de los de un horrible insecto. Al parecer, una mosca se introdujo en el dispositivo de forma accidental durante el experimento.

Título en español: *El regreso de la mosca*
Título original: *Return of the Fly*
Año de producción: 1959
Dirección: Edward Bernds
País: Estados Unidos
Argumento: Quince años después de los terribles sucesos acaecidos en el laboratorio de André Delambre, su hijo comienza a experimentar con el mismo dispositivo de teletransporte utilizado años atrás por su padre. Y con los mismos resultados.

Título en español: *Un sabio en las nubes*
Título original: *The Absent-Minded Professor*
Año de producción: 1961
Dirección: Robert Stevenson
País: Estados Unidos
Argumento: El profesor Brainard inventa una sustancia con propiedades antigravitatorias. El adinerado Alonzo P. Hawk, un hombre sin escrúpulos, intentará hacerse con el descubrimiento valiéndose para ello de malas artes.

Título en español: *Viaje al fondo del mar*
Título original: *Voyage to the Bottom of the Sea*
Año de producción: 1961
Dirección: Irwin Allen
País: Estados Unidos
Argumento: Una expedición rutinaria al polo norte se convierte repentinamente en una trepidante carrera por salvar a toda la humanidad

cuando el cinturón de radiación de Van Allen se incendia en el espacio y amenaza con convertir la Tierra en un verdadero infierno. El almirante Nelson y la tripulación del submarino atómico *Seaview* lucharán contra saboteadores, enormes criaturas marinas y ataques de submarinos enemigos, mientras intentan prevenir una catástrofe mundial.

Título en español: *El sabio en apuros*
Título original: *Son of Flubber*
Año de producción: 1963
Dirección: Robert Stevenson
País: Estados Unidos
Argumento: Nuevas aventuras del profesor Brainard y su invento antigravitatorio. En esta ocasión, serán sus estudiantes los que le ayuden a salir de más de un aprieto.

Título en español: *La maldición de la mosca*
Título original: *Curse of the Fly*
Año de producción: 1965
Dirección: Don Sharp
País: Reino Unido
Argumento: Una joven que escapa de una institución para enfermos mentales encuentra refugio en la casa de la familia Delambre. Allí se encuentra con que el líder de la familia continúa con los experimentos de teleportación que tan nefastos resultados habían dado en las películas anteriores.

Título en español: *2001, una odisea del espacio*
Título original: *2001: A Space Odyssey*
Año de producción: 1968
Dirección: Stanley Kubrick
País: Estados Unidos
Argumento: Hace millones de años, en los albores del nacimiento del homo sapiens, unos simios descubren un monolito que les lleva a un estadio de inteligencia superior. Otro monolito vuelve a aparecer, millones de años después, enterrado en Io, una luna del planeta Júpiter, lo que provoca el interés de los científicos. HAL 9000, una máquina de inteligencia artificial, es la encargada de todos los sistemas de una nave espacial tripulada durante una misión de la NASA.

Título en español: *El planeta de los simios*
Título original: *Planet of the Apes*
Año de producción: 1968
Dirección: Franklin J. Schaffner

País: Estados Unidos
Argumento: Taylor forma parte de una tripulación de astronautas a bordo de una nave espacial que se estrella en un planeta desconocido y, aparentemente, carente de vida inteligente. Sin embargo, pronto se da cuenta de que el lugar está gobernado por una raza de simios inteligentes que esclavizan a los seres humanos, privados de la facultad del habla. Cuando su líder, el doctor Zaius, descubre con horror la facultad de hablar de Taylor, decide que lo mejor es exterminarlo.

Título en español: *Barbarella*
Título original: *Barbarella*
Año de producción: 1968
Dirección: Roger Vadim
País: Francia/Italia
Argumento: Año 40.000. Planeta Lythion. La intrépida Barbarella aterriza en un misterioso planeta donde conocerá toda clase de aventuras, peligros y placeres.

Título en español: *Cuando el destino nos alcance*
Título original: *Soylent Green*
Año de producción: 1973
Dirección: Richard Fleischer
País: Estados Unidos
Argumento: Ciudad de Nueva York, año 2022. La población ha crecido hasta los cuarenta millones de habitantes, que viven en una gran miseria y que incluso pasan hambre. Hace unas semanas ha aparecido un nuevo alimento sintético, el soylent green, con el que las autoridades están alimentando a la población. El policía Thorn y el viejo Roth, superviviente de otra época, sospechan que hay algo raro.

Título en español: *La profecía*
Título original: *The Omen*
Año de producción: 1976
Dirección: Richard Donner
País: Reino Unido/Estados Unidos
Argumento: Robert Thorn, un diplomático americano de alto rango, vive una vida plácida hasta que su mujer, Kathryn, sufre un penoso alumbramiento y su hijo recién nacido ha muerto. El sacerdote del hospital, el padre Spiletto, se presenta a Thorn con otro niño que ha nacido esa misma noche y cuya madre ha fallecido en el parto. El cura apremia a Thorn para que acepte al chico como si fuera suyo; Kathryn nunca sabrá la verdad, y su hijo, al que pondrán por nombre Damien, crecerá como si fuera de ellos. Kathryn acepta al hijo como propio, vol-

cándose en él como cualquier madre; Thorn, parece ser, ha tomado la decisión correcta. Pero ciertos acontecimientos, que aparentemente giran en torno a Damien, el cual ahora ya cuenta con cinco años de edad, son profundamente perturbadores. Los angustiantes incidentes se multiplican, lo que indica que algo malo, tremendamente malo, pasa con Damien. La profecía está clara, los signos no dejan lugar a dudas: ha llegado la hora del Anticristo.

Título en español: *Encuentros en la tercera fase*
Título original: *Close Encounters of the Third Kind*
Año de producción: 1977
Dirección: Steven Spielberg
País: Estados Unidos/Reino Unido
Argumento: Roy Neary presencia unos objetos voladores en el cielo, cerca de su casa en Indiana. Obsesionado por comprender lo que ha experimentado se distancia de su esposa, quien ve con estupor cómo se derrumba su matrimonio. Neary encuentra apoyo en Jillian Guiler, quien también fue testigo de esos encuentros nocturnos. Juntos, buscan una respuesta a ese misterio que les ha cambiado la vida, al mismo tiempo que un grupo de científicos internacionales bajo la dirección de Claude Lacombe comienza a investigar.

Título en español: *La guerra de las galaxias*
Título original: *Star Wars: Episode IV– A New Hope*
Año de producción: 1977
Dirección: George Lucas
País: Estados Unidos
Argumento: La princesa Leia Organa, líder del movimiento rebelde que desea reinstaurar la República en la galaxia durante el tirano dominio del Imperio, es capturada por las malévolas Fuerzas Imperiales, capitaneadas por el implacable Darth Vader, el sirviente más fiel del emperador. El intrépido Luke Skywalker, ayudado por Han Solo, capitán de la nave espacial *Halcón Milenario*, y los androides, R2D2 y C3PO, serán los encargados de luchar contra el enemigo y rescatar a la princesa para volver a instaurar la justicia en el seno de la galaxia.

Título en español: *Superman: el film*
Título original: *Superman: the Movie*
Año de producción: 1978
Dirección: Richard Donner
País: Reino Unido/Estados Unidos
Argumento: El lejano planeta Krypton está condenado a muerte. Jor-El advierte del peligro a sus semejantes, pero éstos no le creen y le prohí-

ben abandonar el planeta. Decidido a salvar la vida de su hijo recién nacido Kal-El, construye una nave espacial y lo embarca rumbo a la Tierra. Encontrado por la familia Kent, es criado por ella bajo el nombre de Clark. Pero, de repente, un día Clark siente una llamada que le empuja a viajar al lejano polo norte. Allí descubrirá quién es en realidad y cuál es su misión.

Título en español: *Alien, el octavo pasajero*
Título original: *Alien*
Año de producción: 1979
Dirección: Ridley Scott
País: Reino Unido/Estados Unidos
Argumento: De regreso a la Tierra, la nave de carga Nostromo interrumpe su viaje y despierta a sus siete tripulantes. El ordenador central, «Madre», ha detectado una misteriosa transmisión procedente de una forma de vida desconocida desde un planeta cercano. Obligados a investigar el origen de la comunicación, la nave se dirige al extraño planeta.

Título en español: *Los pasajeros del tiempo*
Título original: *Time After Time*
Año de producción: 1979
Dirección: Nicholas Meyer
País: Estados Unidos
Argumento: En el Londres de 1893, tras cinco años de inactividad, Jack el destripador vuelve a asesinar. Huyendo de la policía, el asesino entra en el laboratorio del joven H. G. Wells y huye en su reciente invento: una máquina del tiempo. Después de recuperar su ingenio, Wells descubre que el destripador ha conseguido escapar al futuro.

Título en español: *El imperio contraataca*
Título original: *Star Wars: Episode V– The Empire Strikes Back*
Año de producción: 1980
Dirección: Irvin Kershner
País: Estados Unidos
Argumento: Tras un ataque sorpresa de las tropas imperiales a las bases camufladas de la alianza rebelde, Luke Skywalker, en compañía de R2D2, parte hacia el planeta Dagobah en busca de Yoda, el último maestro Jedi, para que le enseñe los secretos de la Fuerza. Mientras tanto, Han Solo, la princesa Leia, Chewbacca y C3PO esquivan a las Fuerzas Imperiales y piden refugio al antiguo propietario del *Halcón Milenario*, Lando Calrissian, quien les prepara una trampa urdida por el malvado Darth Vader.

Título en español: *Atmósfera cero*
Título original: *Outland*
Año de producción: 1981
Dirección: Peter Hyams
País: Estados Unidos
Argumento: En el futuro, un agente de policía es enviado a una remota colonia en Júpiter para investigar la sospechosa muerte de tres obreros en una mina. Su situación se vuelve peligrosa cuando descubre que han muerto a causa de una droga diseñada para aumentar la productividad, pero se niega a abandonar la investigación.

Título en español: *E. T., el extraterrestre*
Título original: *E. T.: the Extra-Terrestrial*
Año de producción: 1982
Dirección: Steven Spielberg
País: Estados Unidos/Reino Unido
Argumento: Un pequeño visitante de otro planeta se queda en la Tierra cuando su nave se marcha olvidándose de él. Tiene miedo. Está completamente solo y a muchos años luz de su casa. Aquí se hará amigo de un niño, que lo esconde y lo protege en su casa. Juntos intentarán encontrar la forma de que el pequeño extraterrestre regrese a su planeta antes de que los científicos y la policía de la Tierra lo encuentren.

Título en español: *Superman III*
Título original: *Superman III*
Año de producción: 1983
Dirección: Richard Lester
País: Reino Unido
Argumento: Superman se tiene que enfrentar contra un arma mecánica creada por un genio de los ordenadores llamado Gus Gorman, un magnate megalomaníaco que pretende transformar la Tierra y el desdoblamiento de su propia personalidad, que será su peor enemigo.

Título en español: *Terminator*
Título original: *The Terminator*
Año de producción: 1984
Dirección: James Cameron
País: Reino Unido/Estados Unidos
Argumento: Los Ángeles, año 2029. El futuro está dominado por las máquinas. Los rebeldes que libran la guerra contra ellas están liderados por John Connor, un hombre nacido en los años ochenta. Las máquinas deciden enviar a un robot exterminador a través del tiempo

hasta nuestros días, con la única misión de eliminar a Sarah Connor, la madre de John, e impedir su nacimiento.

Título en español: *Re-Animator*
Título original: *Re-Animator*
Año de producción: 1985
Dirección: Stuart Gordon
País: Estados Unidos
Argumento: Herbert West estudia en Europa métodos que permitan la regeneración de los tejidos del cuerpo humano, junto a un conocido científico, quien muere en extrañas circunstancias. West decide entonces viajar a los Estados Unidos, donde se matricula en la universidad de Miskatonic. Allí continúa con sus experimentos, que tienen la intención de alcanzar la fórmula que permita reanimar a los muertos.

Título en español: *Star Trek IV–Misión: salvar la Tierra*
Título original: *Star Trek IV: The Voyage Home*
Año de producción: 1986
Dirección: Leonard Nimoy
País: Estados Unidos
Argumento: Una extraña nave alienígena está amenazando la vida en la Tierra. El almirante Kirk y su tripulación a bordo de la nave *Enterprise* deciden viajar al pasado siglo XX en la Tierra con el propósito de capturar una pareja de ballenas jorobadas. Al parecer, la misteriosa nave extraterrestre está intentando comunicarse con los terrícolas utilizando el lenguaje de los cetáceos.

Título en español: *La mosca*
Título original: *The Fly*
Año de producción: 1986
Dirección: David Cronenberg
País: Reino Unido/Canadá/Estados Unidos
Argumento: Un científico, Seth Brundle, se utiliza como cobaya en la realización de un complejo experimento de teletransporte. La prueba es un éxito, pero tras sufrir unos extraños cambios en su cuerpo descubre que, además de él, una mosca se introdujo en la cápsula donde realizó la prueba.

Título en español: *La mosca II*
Título original: *The Fly II*
Año de producción: 1989
Dirección: Chris Walas
País: Canadá/Reino Unido/Estados Unidos

222 | SERGIO L. PALACIOS

Argumento: Tras la muerte del científico Seth Brundle, a consecuencia de sus experimentos sobre la transmisión de la materia, una empresa de investigación genética, que estaba al tanto de sus descubrimientos, consigue que su compañera sentimental tenga el bebé que esperaba. El pequeño, debido a los genes de su padre, padece una alteración cromosómica que acelera de manera vertiginosa su crecimiento.

Título en español: *Desafío total*
Título original: *Total Recall*
Año de producción: 1990
Dirección: Paul Verhoeven
País: Estados Unidos
Argumento: En el año 2048, Doug Quaid, un hombre normal con una vida tranquila, está atormentado por una pesadilla que le lleva todas las noches hasta Marte. Decide entonces recurrir al laboratorio de Recall, una empresa de vacaciones virtuales que le ofrece la oportunidad de materializar su sueño gracias a un fuerte alucinógeno. Sin embargo, su intento resulta un fracaso. La droga resucita de su memoria una estancia verdadera en Marte cuando era el más temido agente del cruel Cohaagen. Quaid decide entonces regresar al planeta rojo.

Título en español: *Crisis solar*
Título original: *Solar Crisis*
Año de producción: 1990
Dirección: Richard C. Sarafian/Alan Smithee
País: Japón/Estados Unidos
Argumento: Una enorme llamarada solar amenaza la Tierra. Un grupo de astronautas deben viajar hasta el Sol y dejar caer un ingenio nuclear en el momento justo de producirse el fenómeno. Sin embargo, alguien cree que el fatídico suceso no llegará a ocurrir e intenta sabotear la misión con el fin de comprar tierras a bajos precios mientras el pánico se apodera de la sociedad.

Título en español: *Darkman*
Título original: *Darkman*
Año de producción: 1990
Dirección: Sam Raimi
País: Estados Unidos
Argumento: Peyton Westlake es un científico que ha descubierto una forma de producir piel humana sintética. Desafortunadamente, el material se degrada irremisiblemente al cabo de cien minutos expuesto a la luz. Cuando unos delincuentes atacan a Peyton en su laboratorio, éste queda horriblemente desfigurado. Dado por muerto, adquiere la identi-

dad secreta de Darkman y se dispone a tomar cumplida venganza de sus asesinos, para lo cual hará uso de su increíble descubrimiento.

Título en español: *Regreso al futuro III*
Título original: *Back to the Future Part III*
Año de producción: 1990
Dirección: Robert Zemeckis
País: Estados Unidos
Argumento: Doc tiene el coche-máquina del tiempo averiado y está prisionero en la época del salvaje oeste. Por su parte, Marty McFly se encuentra en 1955 y acaba de encontrar una carta escrita por Doc en 1885. En ella, éste le pide que arregle el coche, pero que no vaya a rescatarlo pues se encuentra muy bien en el pasado. Sin embargo, el muchacho irá en su búsqueda cuando descubre una vieja tumba en la que lee que su amigo murió en 1885.

Título en español: *Waterworld*
Título original: *Waterworld*
Año de producción: 1995
Dirección: Kevin Reynolds
País: Estados Unidos
Argumento: En el futuro los casquetes polares se han derretido y el agua lo cubre todo. Por tal motivo, el agua dulce es el bien más preciado, y los seres humanos sobreviven en plataformas flotantes siempre buscando agua potable, algo de tierra, y hablando sobre la leyenda de que en algún lugar existe tierra firme. Mariner es un errante que viaja solo practicando el trueque. Un día, llega a un atolón de chatarra y vende tierra a sus moradores, pero éstos, al descubrir que es un mutante (mitad pez, mitad humano), lo condenan a muerte.

Título en español: *Mars attacks*
Título original: *Mars Attacks!*
Año de producción: 1996
Dirección: Tim Burton
País: Estados Unidos
Argumento: Unos platillos volantes procedentes de Marte se encuentran sobre todas las capitales del mundo y toda la humanidad contiene la respiración esperando ver cuáles son sus intenciones. Entre ellos está el presidente de los Estados Unidos, cuyo asesor científico le asegura que serán absolutamente pacíficos. Sin embargo sus asesores militares le aconsejan que aniquile a los marcianos antes de que sea demasiado tarde.

Título en español: *Eraser*
Título original: *Eraser*
Año de producción: 1996
Dirección: Chuck Russell
País: Estados Unidos
Argumento: John Kruger es un destacado oficial del Programa Federal de Protección de Testigos. Ahora se enfrenta a un gran reto profesional: suministrar una nueva identidad a Lee Cullen, una joven que ha descubierto una conspiración en la que están implicados importantes personajes de la política y la industria armamentística.

Título en español: *Contact*
Título original: *Contact*
Año de producción: 1997
Dirección: Robert Zemeckis
País: Estados Unidos
Argumento: Eleanor Arroway perdió la fe en Dios tras la muerte de su padre, cuando aún era una niña. Sin embargo, Ellie ha desarrollado una clase distinta de fe en lo desconocido: trabaja con un grupo de científicos escrutando ondas de radio procedentes del espacio exterior en busca de señales de inteligencias extraterrestres. Su trabajo se verá recompensado cuando detecte una señal desconocida que supuestamente porta las instrucciones de fabricación de una máquina para reunirse con los creadores del mensaje.

Título en español: *Alien resurrección*
Título original: *Alien: Resurrection*
Año de producción: 1997
Dirección: Jean Pierre Jeunet
País: Estados Unidos
Argumento: Más de doscientos años después de su muerte, Ripley es resucitada empleando técnicas avanzadas de clonación. Pero el ADN de Ripley se ha mezclado con el de la Reina Alien durante el proceso, por lo que los científicos pretenderán recrearla también.

Título en español: *Flubber y el profesor chiflado*
Título original: *Flubber*
Año de producción: 1997
Dirección: Les Mayfield
País: Estados Unidos
Argumento: Un bonachón y despistado científico, profesor de una universidad en peligro de cerrar por falta de fondos, realiza un sorprendente descubrimiento que puede salvar al centro de su cierre.

Pero antes deberá enfrentarse a los malos de turno y conquistar a su prometida.

Título en español: *Armageddon*
Título original: *Armageddon*
Año de producción: 1998
Dirección: Michael Bay
País: Estados Unidos
Argumento: Un asteroide del tamaño del estado norteamericano de Texas se dirige directamente hacia la Tierra. Los ingenieros y científicos de la NASA proponen una solución consistente en enviar a un equipo de expertos en perforaciones petrolíferas entrenados como astronautas al espacio para que destruya el meteoro antes de que colisione con nuestro planeta. Deben aterrizar en la superficie del asteroide, perforarlo e introducir un dispositivo nuclear que al estallar consiga desviar su trayectoria y poder salvar el planeta.

Título en español: *Deep impact*
Título original: *Deep Impact*
Año de producción: 1998
Dirección: Mimi Leder
País: Estados Unidos
Argumento: El joven Leo Biederman descubre una gran mancha blanca en un cúmulo de estrellas, que resulta ser un cometa. Desgraciadamente, lleva rumbo de colisión contra la Tierra. Mientras tanto Jenny Learner, una ambiciosa reportera de la NBC, descubre accidentalmente la terrible verdad. Una nave tripulada partirá hacia el cuerpo celeste con la misión de destruirlo antes de que sea tarde.

Título en español: *Titán A. E.*
Título original: *Titan A. E.*
Año de producción: 2000
Dirección: Don Bluth/Gary Goldman/Art Vitello
País: Estados Unidos
Argumento: Año 3208. La Tierra está siendo atacada por los malvados alienígenas Drej, una raza altamente evolucionada hecha de energía pura. En medio del caos, miles de naves han de despegar de la superficie de la Tierra; el científico Sam Tucker llama a su hijo, Cale, un niño de cinco años, y le manda lejos de la Tierra en una nave espacial para que esté a salvo. Tucker se marcha en la nave espacial Titán, único rayo de esperanza ante el desastre que se presagia.

Título en español: *El hombre sin sombra*
Título original: *Hollow Man*
Año de producción: 2000
Dirección: Paul Verhoeven
País: Estados Unidos/Alemania
Argumento: Tras años de experimentación el arrogante, aunque brillante científico, Sebastian Caine ha descubierto el modo de convertir en invisible la materia ordinaria. Obsesionado con alcanzar su objetivo final, Caine obliga a su equipo a usarle a él como cobaya humana. La prueba es un éxito, pero cuando no consiguen devolverle la visibilidad Caine se ve condenado a un futuro sin carne y comienza a mostrar efectos colaterales de su extraña condición.

Título en español: *El planeta de los simios*
Título original: *Planet of the Apes*
Año de producción: 2001
Dirección: Tim Burton
País: Estados Unidos
Argumento: Año 2029. En una misión rutinaria, el astronauta Leo Davidson pierde el control de su nave y aterriza en un extraño planeta habitado por una raza de simios de inteligencia similar a la de los humanos y que tratan a éstos como a animales. Con la ayuda de una chimpancé llamada Ari y de una pequeña banda de humanos rebeldes, Leo encabeza el enfrentamineto contra el terrible ejército dirigido por el general Thade. La clave es llegar a un templo sagrado que se encuentra en la zona prohibida del planeta, en el que podrán descubrir los sorprendentes secretos del pasado de la humanidad y la clave para su futuro.

Título en español: *A.I. Inteligencia artificial*
Título original: *A.I. Artificial Intelligence*
Año de producción: 2001
Dirección: Steven Spielberg
País: Estados Unidos
Argumento: En un mundo futuro donde los avances científicos hacen posible la existencia, los humanos comparten todos los aspectos de sus vidas con sofisticados robots denominados «mecas». La emoción es la última y controvertida frontera en la evolución de las máquinas. Pero cuando un avanzado niño robótico llamado David es programado para amar, los humanos no están preparados para las consecuencias.

Título en español: *Experimento mortal*
Título original: *The Void*
Año de producción: 2001

Dirección: Gilbert M. Shilton
País: Estados Unidos
Argumento: Un experimento fallido de colisión de partículas de alta energía provoca un desastre en el que fallece todo un equipo de científicos. Ocho años más tarde, el malvado Dr. Thomas Abernathy, decide repetir el ensayo haciendo caso omiso a los informes que auguran catastróficas consecuencias: la generación de un microagujero negro capaz de acabar con la Tierra.

Título en español: *Muere otro día*
Título original: *Die Another Day*
Año de producción: 2002
Dirección: Lee Tamahori
País: Reino Unido/Estados Unidos
Argumento: El agente 007 investiga secretamente los planes de Zao, el hijo del pacifista coronel Moon del ejército de Corea del Norte. El MI6 sospecha que Zao pueda tener planes ambiciosos que pongan en peligro la estabilidad mundial y esas sospechas se confirman cuando James Bond descubre que Zao planea, efectivamente, unificar los ejércitos de las dos Coreas, atacar Japón y posteriormente, enfrentarse a los Estados Unidos. Antes de que pueda escapar, Bond es descubierto por Zao quien lo apresa y lo tortura. Meses después, Bond es liberado y regresa a Londres ofendido por haber sido abandonado por «M», pero pronto ha de volver al trabajo al descubrirse que un misterioso millonario, Gustav Graves, parece tener negocios con la gente de Zao y puede ser un gran peligro por sí mismo ya que ha creado un satélite capaz de dirigir la luz solar a lugares específicos de la Tierra.

Título en español: *El núcleo*
Título original: *The Core*
Año de producción: 2003
Dirección: Jon Amiel
País: Reino Unido/Estados Unidos
Argumento: Los científicos descubren que el núcleo externo del planeta Tierra se está deteniendo en su movimiento giratorio, lo que causará un tremendo desastre natural y eliminará la vida tal y como la conocemos. Un grupo de científicos son reclutados para una peligrosa misión al centro de la tierra que pueda prevenir la catástrofe.

Título en español: *Hulk*
Título original: *Hulk*
Año de producción: 2003
Dirección: Ang Lee

País: Estados Unidos
Argumento: Tras su brillante historial de investigador en el campo de la tecnología genética, el doctor Bruce Banner oculta un pasado doloroso y casi olvidado. Su ex novia, la también brillante investigadora Betty Ross, se ha cansado de esperar a que Bruce rompa su bloqueo emocional, resignándose a convertirse en una observadora interesada de la discreta vida del científico. Desde su posición de observadora, Betty asiste a un accidentado episodio de la revolucionaria investigación de Banner. Se produce un accidente con radiación gamma y Bruce toma una decisión heroica que le lleva a salvar una vida y a permanecer intacto, en apariencia, pese a que su cuerpo ha absorbido una dosis letal de la radiación. Y, sin embargo, los efectos se hacen notar pronto. Banner comienza a sentir una presencia en su interior, un ente extraño que le resulta familiar a pesar de todo. Mientras tanto, una enorme criatura, salvaje e increíblemente fuerte, que acaba recibiendo el nombre de Hulk, empieza a hacer apariciones de forma esporádica, dejando tras de sí un reguero de destrucción.

Título en español: *La liga de los hombres extraordinarios*
Título original: *The League of Extraordinary Gentlemen*
Año de producción: 2003
Dirección: Stephen Norrington
País: Estados Unidos/Alemania/República Checa/Reino Unido
Argumento: En la era victoriana, el Gobierno del reino está preso del pánico porque no sabe cómo detener unos diabólicos planes para la dominación del mundo. Para conseguirlo, reclutarán a los más grandes aventureros de la humanidad, incluyendo a Allan Quatermain, el doctor Henry Jekyll, el capitán Nemo y Dorian Gray.

Título en español: *Timeline*
Título original: *Timeline*
Año de producción: 2003
Dirección: Richard Donner
País: Estados Unidos
Argumento: En Francia, un equipo de estudiantes de arqueología y su profesor se esfuerzan por descubrir las ruinas de un castillo del siglo XIV. Para el profesor Edward Johnston, el proyecto representa la culminación de sus sueños. Con la ayuda del profesor adjunto, Andre Marek, de su hijo Chris y de sus alumnos Kate, Stern y François, el profesor Johnston ha hecho grandes progresos no sólo en la excavación del castillo de La Roque sino también en la de un monasterio y otras estructuras del pueblo cercano de Castlegard. Pero las cosas están a punto de torcerse. Johnston tiene sospechas sobre el benefactor de la excava-

ción, Robert Doniger, y se dirige a Nuevo México en busca de respuestas. Mientras está fuera, los estudiantes descubren una cámara que lleva sellada más de 600 años. Marek y Kate consiguen entrar y descubren dos sorprendentes objetos: una lente bifocal y una nota suplicando ayuda fechada el 2 de abril de 1357, firmada por nada menos que el profesor Johnston. Decididos a resolver el misterio los chicos ponen rumbo a las oficinas centrales de ITC donde ven el último invento de Doniger, una máquina capaz de trasladar objetos tridimensionales a través del espacio. Fue diseñada para revolucionar el transporte pero, sin querer, Doniger abrió una agujero que conduce directamente al siglo XIV, y el profesor Johnston, quien había insistido en probar el invento personalmente, se encuentra actualmente atrapado en un violento conflicto feudal entre franceses e ingleses.

Título en español: *El día de mañana*
Título original: *The Day After Tomorrow*
Año de producción: 2004
Dirección: Roland Emmerich
País: Estados Unidos
Argumento: El climatólogo Jack Hall está obsesionado por la posible llegada de una nueva era glacial. Las investigaciones llevadas a cabo por Hall indican que el calentamiento global del planeta podría desencadenar un repentino y catastrófico cambio climático de la Tierra. Las perforaciones realizadas en la Antártida muestran que es algo que ya ha ocurrido con anterioridad, hace diez mil años. Y ahora está alertando a los dirigentes de que podría ocurrir de nuevo si no se adoptan medidas de forma inmediata. Pero sus advertencias llegan demasiado tarde. Acontecimientos meteorológicos cada vez más drásticos empiezan a ocurrir en distintas partes del globo. Una llamada de teléfono de un colega suyo en Escocia, el profesor Rapson, confirma los peores temores de Jack: estos intensos fenómenos meteorológicos son síntomas de un cambio climatológico global.

Título en español: *Los increíbles*
Título original: *The Incredibles*
Año de producción: 2004
Dirección: Brad Bird
País: Estados Unidos
Argumento: Una familia de superhéroes venidos a menos, que tratan de sobrevivir en la dura vida diaria, se ven obligados a volver a la acción, tras quince años de inactividad, cuando el cabeza de familia recibe una misteriosa comunicación que le ordena dirigirse a una remota isla para cumplir una misión de alto secreto.

Título en español: *Los Cuatro Fantásticos*
Título original: *Fantastic 4*
Año de producción: 2005
Dirección: Tim Story
País: Estados Unidos/Alemania
Argumento: El doctor Richards y sus amigos Ben Grimm y los hermanos Storm viajan a bordo de una nave espacial. Repentinamente, son golpeados por una extraña tormenta cósmica. A su regreso a la Tierra comienzan a experimentar cambios en sus cuerpos que les hacen adquirir superpoderes. Pero Victor von Doom, el patrocinador de la expedición espacial, también ha cambiado y no está dispuesto a emplear sus recién adquiridas habilidades para hacer el bien precisamente.

Título en español: *El sonido del trueno*
Título original: *A Sound of Thunder*
Año de producción: 2005
Dirección: Peter Hyams
País: Reino Unido/Estados Unidos/Alemania/República Checa
Argumento: En el año 2054 los viajes en el tiempo son una realidad. La patente de la nueva tecnología la tiene una empresa al frente de la cual está Charles Hatton, que ha comercializado «safaris al pasado» para cazar dinosaurios en la prehistoria. Se cazan sólo ejemplares cuya muerte es inminente, para evitar alteraciones temporales. En uno de los viajes se produce un inesperado suceso que cambiará la historia y cuando los excursionistas regresan al presente de nuevo, éste ya no es el mismo que dejaron a su marcha.

Título en español: *Supernova*
Título original: *Supernova*
Año de producción: 2005
Dirección: John Harrison
País: Estados Unidos
Argumento: Cuando el eminente astrofísico, el doctor Austin Shepard descubre que unas manchas solares son las precursoras del fin del mundo, decide abandonar el observatorio y huir a un sitio desconocido. Su huida levantará las sospechas de sus jefes, quienes enviarán a su mejor hombre, Christopher Richardson, a investigar.

Título en español: *Superman returns (El regreso)*
Título original: *Superman Returns*
Año de producción: 2006
Dirección: Bryan Singer
País: Australia/Estados Unidos

Argumento: Tras varios años de misteriosa ausencia, Superman regresa a la Tierra. Una vez aquí, un viejo enemigo busca quitarle sus poderes de una vez por todas, al tiempo que Superman se enfrentará al desamor cuando ve que su amada Lois Lane ha continuado con su vida. Este regreso agridulce del superhéroe lo reta a reducir la distancia entre ellos y a encontrar un lugar en la sociedad que se acostumbró a vivir sin él.

Título en español: *El truco final (El prestigio)*
Título original: *The Prestige*
Año de producción: 2006
Dirección: Christopher Nolan
País: Estados Unidos/Reino Unido
Argumento: Dos magos de principios del siglo XX rivalizan de tal manera que les lleva a una encarnizada batalla por la supremacía en su campo, llena de celos, de obsesiones y de peligrosas consecuencias.

Título en español: *El motorista fantasma*
Título original: *Ghost Rider*
Año de producción: 2007
Dirección: Mark Steven Johnson
País: Estados Unidos/Australia
Argumento: Hace mucho tiempo, la superestrella de las acrobacias en moto, Johnny Blaze hizo un trato con el diablo para proteger a los que más quería: su padre y su novia de la juventud, Roxanne. Ahora, Lucifer ha venido a cobrar su deuda. De día, Johnny es un motero acróbata temerario pero de noche, en presencia del diablo, se convierte en «el motorista fantasma», un cazador de demonios deshonestos.

Título en español: *Sunshine*
Título original: *Sunshine*
Año de producción: 2007
Dirección: Danny Boyle
País: Reino Unido/Estados Unidos
Argumento: En tan sólo cinco años, el Sol se apagará, y toda la raza humana se extinguirá con él. La última esperanza de los seres humanos es el Ícarus II, una nave espacial con una tripulación formada por seis hombres y dos mujeres, quienes intentarán llevar una gigantesca carga nuclear con el fin de insuflar nueva vida a la estrella, para que ésta vuelva a brillar y se pueda salvar la vida en la Tierra.

Título en español: *Spiderman 3*
Título original: *Spider-Man 3*
Año de producción: 2007

232 | SERGIO L. PALACIOS

Dirección: Sam Raimi
País: Estados Unidos
Argumento: Parece que Peter Parker ha conseguido finalmente un equilibrio entre su devoción por Mary Jane y sus deberes como superhéroe. Pero una tormenta amenaza en el horizonte; cuando su traje cambia de repente, volviéndose negro y mejorando sus poderes, Peter también se transforma, sacando el lado más oscuro y vengativo de su personalidad. Bajo la influencia de este nuevo traje, Peter se vuelve demasiado confiado, y comienza a desatender a la gente que realmente le quiere y se preocupa por él. Obligado a elegir entre el tentador poder que le proporciona el nuevo traje y el compasivo héroe que solía ser, el Spiderman deberá vencer sus propios demonios, mientras dos de sus más temidos enemigos, Venom y el Hombre de Arena, utilizarán sus poderes para calmar su sed de venganza.

Título en español: *Los Cuatro Fantásticos y Silver Surfer*
Título original: *4: Rise of the Silver Surfer*
Año de producción: 2007
Dirección: Tim Story
País: Estados Unidos/Alemania/Reino Unido
Argumento: Los cuatro fantásticos se enfrentan a su mayor reto hasta la fecha cuando un enigmático heraldo intergaláctico, Silver Surfer, llega a la Tierra a fin de prepararla para su destrucción. Mientras Surfer recorre el mundo sembrando la destrucción, Reed, Sue, Johnny y Ben deben desentrañar el misterio de dicho personaje, y hacer frente al sorprendente regreso de su mortal enemigo el doctor von Doom.

Fuentes y referencias bibliográficas

Capítulo 1
Bly, Robert W., *The science in science fiction: 83 sf predictions that became scientific reality*, 2005, Benbella books.
Cavelos, Jeanne, *The science of Star Wars*, 2000, St. Martin's Griffin.
Hecht, Eugene, *Óptica*, 1999, Addison Wesley.
Parker, Barry, *Death rays, jet packs, stunts & supercars: The fantastic physics of film's most celebrated secret agent*, 2005, The Johns Hopkins University Press.
Información sobre pistola inmovilizadora de la compañía HSV Technologies: http://www.hsvt.org
Página del proyecto europeo del láser de rayos X: http://xfel.desy.de

Capítulo 2
Alschuler, William R., *The science of UFOs*, 2002, St. Martin's Griffin.
Navarro, Jesús, *Sueños de ciencia: un viaje al centro de Jules Verne*, 2005, Publicaciones de la Universidad de Valencia.

Capítulo 3
Gilster, Paul, *Centauri dreams*, 2004, Copernicus books.
Halliday, David, Robert Resnick y Jearl Walker, *Fundamentals of physics*, 2004, Wiley.
Memba, Javier, *La década de oro de la ciencia ficción (1950-1960)*, 2005, T&B editores.
Una página estupenda sobre la física de los cohetes, con simulación incluida:
http://www.sc.ehu.es/sbweb/fisica/dinamica/perfecto/perfecto.htm

Capítulos 4, 5 y 6
Bly, Robert W., *The science in science fiction: 83 sf predictions that became scientific reality*, 2005, Benbella books.
Gilster, Paul, *Centauri dreams*, 2004, Copernicus books.
Gresh, Lois H., y Robert Weinberg, *The science of supervillains*, 2005, Wiley.
Hanlon, Michael, *The science of the hichhiker's guide to the galaxy*, 2006, Macmillan.

Krauss, Lawrence W., *Beyond Star Trek: From Alien Invasions to the End of Time*, 1998, Perennial.

Nicholls, Peter, *La ciencia en la ciencia ficción*, 1991, Folio.

Anderson, Carl D., «The positive electron», en *Physical Review* 43, 491 (1933).

Cassidy, D. B., y A. P. Mills, «The production of molecular positronium», en *Nature* 449, 195 (2007).

Página personal del autor de ciencia ficción Robert L. Forward: http://www.robertforward.com

Un excelente blog sobre física en el que se pueden encontrar información y referencias sobre antimateria: http://labellateoria.blogspot.com/2007/05/el-misterio-de-la-materia-antimateria.html

Reseña de prensa en la revista *Time* sobre el universo de antimateria propuesto por el doctor Goldhaber: http://www.time.com/time/magazine/article/0,9171,891767,00.html http://www.ahorausa.com/Cyt090403AntimatSol.htm

Referencias sobre la antimateria en la ciencia ficción: http://livefromcern.web.cern.ch/livefromcern/antimatter/everyday/AM-everyday03.html

Capítulo 7
http://www.sff.net/people/Geoffrey.Landis/vacuum.html
http://www.sff.net/people/Geoffrey.Landis/higgins.html

Capítulo 8
Bly, Robert W., *The science in science fiction: 83 sf predictions that became scientific reality*, 2005, Benbella books.

Leonhardt, Ulf, «Optical conformal mapping», en *Science* 312, 1777 (2006).

Pendry, J. B. *et al.*, «Controlling electromagnetic fields», en *Science* 312, 1780 (2006).

Reseña sobre el invento del profesor Susumu Tachi: http://news.bbc.co.uk/hi/spanish/science/newsid_3806000/3806729.stm

Capítulo 9
Excelente sitio de internet con análisis de la física incorrecta que aparece en las películas: http://www.intuitor.com/moviephysics

Capítulo 10
Arkani-Hamed, Nima *et al.*, «The hierarchy problem and new dimensions at a millimeter», en *Physics Letters B* 429, 263 (1998). http://xxx.lanl.gov/abs/hep-ph/9910333

Bleicher, Marcus, «How to create black holes on Earth», *European Journal of Physics* 28, 509 (2007).

Capítulo 11
Barceló, Miquel, *Paradojas: ciencia en la ciencia ficción*, 2000, Sirius.

Bly, Robert W., *The science in science fiction: 83 sf predictions that became scientific reality*, 2005, Benbella books.

Clute, John, y Peter Nicholls, *The encyclopedia of science fiction*, 1999, Orbit.

Moreno, Manuel, Jordi José, *De King Kong a Einstein: la física en la ciencia ficción*, 2002, Ediciones de la UPC.

Sagan, Carl, *Cosmos*, 2004, Planeta.

Metz, Donald, «Deep impact: the Physics of Asteroid/Earth Collisions», en *The Physics Teacher* 40, 487 (2002).

Tate, Jonathan R., «Near Earth objects – a Threat and an Opportunity», en *Physics Education* 38, 218 (2003).

Entrada de Wikipedia sobre el evento del mediterráneo oriental: http://es.wikipedia.org/wiki/Evento_del_Mediterr%C3%A1neo_Oriental
Entrada de Wikipedia sobre el evento de Vitim: http://es.wikipedia.org/wiki/Evento_de_Vitim
Página donde se recoge la noticia sobre la posible confirmación del hallazgo del cráter originado por el evento de Tunguska: http://news.nationalgeographic.com/news/2007/11/071107-russia-crater.html

Capítulo 12

Barceló, Miquel, *Paradojas: ciencia en la ciencia ficción*, 2000, Sirius.

Bly, Robert W., *The science in science fiction: 83 sf predictions that became scientific reality*, 2005, Benbella books.

Hanlon, Michael, *The science of the hichhiker's guide to the galaxy*, 2006, Macmillan.

Moreno, Manuel, y Jordi José, *De King Kong a Einstein: la física en la ciencia ficción*, 2002, Ediciones de la UPC.

Ouellette, Jennifer, *The physics of the buffyverse*, 2006, Penguin books.

Bennett, Charles H., *et al.*, «Teleporting an unknown quantum state via dual classical and Einstein-Podolsky-Rosen channels», en *Physical Review Letters* 70, 1895 (1993).

Bouwmeester, Dik, *et al.*, «Experimental quantum teleportation», *Nature* 390, 575 (1997).

Boschi, D., *et al.*, «Experimental realization of teleporting an unknown pure quantum state via dual classical and Einstein-Podolsky-Rosen channels», en *Physical Review Letters* 80, 1121 (1998).

Furusawa, A., *et al.*, «Unconditional quantum teleportation», en *Science* 282, 706 (1998).

Nielsen, M.A., *et al.*, «Complete quantum teleportation using nuclear magnetic resonance», en *Nature* 396, 52 (1998).

Marcikic, I., *et al.*, «Long-distance teleportation of qubits at telecommunication wavelengths», en *Nature* 421, 509 (2003).

Riebe, M., *et al.*, «Deterministic quantum teleportation with atoms», en *Nature* 429, 734 (2004).

Barrett, M. D., *et al.*, «Deterministic quantum teleportation of atomic qubits», *Nature* 429, 737 (2004).

Koike, S., *et al.*, «Demonstration of quantum telecloning of optical coherent states», en *Physical Review Letters* 96, 060504 (2006).

Referencia sobre la patente de John Quincy St. Clair: http://www.alpoma.net/tecob/?p=749

Capítulo 13

Saint-Exupéry, Antoine de, *El principito*, 2001, Salamandra.
Estupenda página con ejercicios de física: http://bohr.fcu.um.es/miembros/rgm/s+mf/

Capítulo 14

Snyder, Ralph, «Two-density model of the Earth», en *American Journal of Physics* 54, 511 (1986).
http://astrobiologia.astroseti.org/astrobio/articulo_4398_Mundo_acuatico.htm
http://news.bbc.co.uk/hi/spanish/science/newsid_6422000/6422717.stm
Aquí se pueden ver dos simulaciones sobre el comportamiento de las ondas de tipo S y de tipo P: http://www.visionlearning.com/library/module_viewer.php?mid=69&l=s&c3
Excelente página con todo lujo de detalles sobre un modelo físico del interior de la Tierra:
http://www.sc.ehu.es/sbweb/fisica/celeste/gravedad1/gravedad1.htm

Capítulo 15

Efthimiou, Costas J., y Ralph A. Llewellyn, «Cinema, Fermi problems and general education», en *Physics Education* 42, 253 (2007).
El estupendo blog de Alf: http://malaciencia.blogspot.com
Excelente sitio de internet con análisis de la física incorrecta que aparece en las películas: http://www.intuitor.com/moviephysics

Capítulo 17

Windham, Ryder, *Star Wars: la guía definitiva*, 2006, Ediciones B.
http://en.wikipedia.org/wiki/Hyperspace_%28science_fiction%29

Capítulo 18

Krauss, Lawrence W., *Beyond Star Trek: From alien invasions to the end of time*, 1998, Perennial.

Capítulo 19

Bloomfield, Louis A., *How things work: The physics of everyday life*, 2005, Wiley.
Halliday, David, Robert Resnick y Jearl Walker, *Fundamentals of physics*, 2004, Wiley.
Una muy buena simulación del efecto honda gravitatoria:
http://galileoandeinstein.physics.virginia.edu/more_stuff/flashlets/Slingshot.htm
http://es.wikipedia.org/wiki/Warp
http://en.wikipedia.org/wiki/Warp_drive

Capítulo 20

Estupenda página con ejercicios de física: http://bohr.fcu.um.es/miembros/rgm/s+mf/

Capítulo 21
http://ciencia.nasa.gov/headlines/y2005/17feb_bluesaturn.htm
http://www.atoptics.co.uk

Capítulo 22
Al-Khalili, Jim, *Blackholes, wormholes & time machines*, 1999, IOP Publishing.
Randles, Jenny, *Breaking the time barrier: the Race to Build the First Time Machine*, 2005, Pocket books.
http://www.physorg.com/news63371210.html

Capítulo 23
http://es.wikipedia.org/wiki/Rozamiento

Capítulo 24
Velicogna, Isabella, y John Wahr, «Measurements of time-variable gravity show mass loss in Antarctica», en *Science* 311, 1754 (2006).
Ruttimann, Jacqueline, «Antarctica is shrinking», en *Nature News*, 2006.

Capítulo 25
José, Jordi, y Manuel Moreno, *Física i ciència ficció*, 1994, Edicions de la UPC.
http://www.fao.org/docrep/006/W0073S/w0073s0c.htm
http://noticias.juridicas.com/base_datos/Admin/rd2180-2004.html
Aquí se puede encontrar una estimación del número de seres humanos que han fallecido desde que éstos habitan la faz de la tierra:
http://gatocuantico.blogspot.com/2007/03/una-de-muertos-cuntos-ha-habido.html

Capítulo 26
Gresh, Lois H., y Robert Weinberg, *The science of supervillains*, 2005, Wiley.
Babinsky, Holger, «How do wings work?», en *Physics Education* 38, 497 (2003).
http://www.howstuffworks.com/airplane9.htm

Capítulo 27
Bundy, F. P., *et al.*, «Man-made diamonds», en *Nature* 176, 51 (1955).
Bundy, F. P., *et al.*, «Man-made diamonds», en *Nature* 365, 19 (1993).
Chung, H -Y., *et al.*, «Synthesis of ultra-incompressible superhard rhenium diboride at ambient pressure», en *Science* 316, 436 (2007).
Los sitios web de dos empresas dedicadas a sintetizar diamantes a partir de las cenizas de cadáveres: http://www.lifegem.com/ y http://www.algordanza.org

Capítulo 29
Sears, Francis W., Mark W. Zemansky, Hugh D. Young y Roger A. Freedman, *Física universitaria*, 2004, Addison Wesley.

Capítulo 31
Serway, Raymond A., y John W. Jewett, *Física*, 2003, Paraninfo.

Capítulo 32, 33 y 34
Gresh, Lois H., y Robert Weinberg, *The science of superheroes*, 2002, Wiley.
Tan, Ajun, y John Zumerchik, «Kinematics of the long jump», en *The Physics Teacher* 38, 147 (2000).
http://en.wikipedia.org/wiki/Hulk_%28comics%29
http://en.wikipedia.org/wiki/Powers_and_abilities_of_the_Hulk

Capítulo 35
Cromer, Alan, *Física para las ciencias de la vida*, 1985, Reverté.

Capítulo 36
VV. AA., *Enciclopedia Marvel vol. 1: Los Cuatro Fantásticos*, 2005, Panini España.
Edge, Ronald, «Surf physics», en *The Physics Teacher* 39, 272 (2001).
http://es.wikipedia.org/wiki/Aerogel

Capítulo 37
VV. AA., *Marvel enciclopedia: Spiderman*, 2004, Planeta Agostini.
Bak, Per, *et al.*, «Self-organized criticality: An explanation of the 1/f noise», *Physical Review Letters* 59, 381 (1987).
Bak, Per y Chen, Kan, «Criticalidad auto-organizada», en *Investigación y Ciencia* 174, 18 (1991).

Índice alfabético

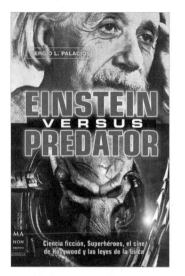

Einstein versus Predator
Sergio L.Palacios

Pocas personas acuden a una sala de cine con la pretensión de desentrañar los misterios científicos que se ocultan tras las espectaculares escenas de una película de ciencia ficción: las hazañas increíbles y sobrehumanas de los superhéroes, los vertiginosos viajes de naves espaciales equipadas con armas devastadoras y sistemas de defensa futuristas, máquinas del tiempo fantásticas, etc. Sin embargo, unas pocas de esas mismas personas, entre las que se encuentra el autor de este libro, deciden ir más allá y plantearse las posibilidades reales de las ideas propuestas por los guionistas de Hollywood.

La física de los superhéroes
James Kakalios

En este libro, el reconocido profesor universitario James Kakalios demuestra, con tan sólo recurrir a las nociones más elementales del álgebra, que con más frecuencia de lo que creemos, los héroes y los villanos de los cómics se comportan siguiendo las leyes de la física. Acudiendo a conocidas proezas de las aventuras de los superhéroes, el autor proporciona una diáfana a la vez que entretenida introducción a todo el panorama de la física, sin desdeñar aspectos de vanguardia de la misma, como son la física cuántica y la física del estado sólido.

La ciencia de los superhéroes
Juan Scaliter

El autor de este libro, periodista científico de la revista *Quo* con más de diez años de experiencia, ha entrevistado importantes astrobiólogos, físicos, neurólogos, expertos en virus, biomimética o nanotecnología para averiguar cuan cerca está la ciencia de trasladarnos al universo de Marvel o DC Comics. Y la repuesta de los expertos es que estamos más cerca de lo pensado. Los poderes y proezas de héroes, antihéroes y villanos y las leyes de la física

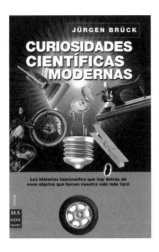

Curiosidades científicas modernas
Jürgen Brück

En este libro disfrutará de ágiles y divertidas historias en torno a objetos e inventos que utilizamos en nuestra vida cotidiana. Aprenderá cómo se descubrieron, quién los fabricó, cómo han evolucionado, y un sinfín de increíbles anécdotas que nunca hubiera sospechado. En sus páginas se suceden relatos, leyendas y hallazgos científicos de todo tipo.

Conozca qué hay detrás de inventos como el USB, el *snowboard*, el horno microondas, el látex, el lavaplatos o el desodorante *roll-on*.

Historias curiosas de la ciencia
Cyril Aydon

¿Qué son los relojes exactos, el Big Bang o el cinturón de Kuiper? ¿Cómo se forma el arco iris? ¿Por qué el cielo es azul? ¿Cómo se calcula el número pi? ¿Qué sabemos sobre los rayos-X? Cyril Aydon nos cuenta todo lo que deberíamos saber sobre el mundo y el universo, pasando revista a algunos de los hechos más sorprendentes que los científicos han descubierto a lo largo de 2.000 años. Una gran diversidad de temas explicados de manera persuasiva, clara y sencilla a base de pequeños artículos, como si de un diccionario enciclopédico se tratara.

La muerte llega desde el cielo
Philip Plait

Según el astrónomo Philip Plait, al Universo solo le aguarda el apocalipsis. ¿Pero hasta qué punto debemos realmente temer cosas como los agujeros negros, los brotes de rayos gama y las supernovas? Y aunque deban preocuparnos, ¿podemos hacer algo para salvarnos? Plait combina fascinantes, y a veces alarmantes, escenarios que parecen extraídos de relatos de ciencia ficción con investigaciones punteras y opiniones de expertos para ilustrar por qué el espacio no es algo tan remoto como muchos creen.

Lo que Einstein le contó a su barbero
Robert L.Wolke

Robert L.Wolke nos sorprende con sus comprensibles, esenciales y exactas respuestas a un sinfín de cuestiones, fenómenos y sucesos que, por cotidianos, creemos ya sabidos. Sin duda, tras descubrir esas pequeñas y sencillas «verdades» de nuestro universo físico inmediato, comprenderemos mejor el íntimo funcionamiento del mundo en que vivimos.

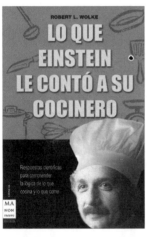

Lo que Einstein le contó a su cocinero
Robert L.Wolke

El autor nos hace comprender la ciencia desde los fogones. A través de un lenguaje libre de tecnicismos ofrece explicaciones reveladoras y sencillas, desmitifica viejas creencias, ayuda a interpretar las etiquetas confusas de los productos e invita al lector a experimentar por su cuenta, con las sencillas y originales recetas de cocina que incluye el libro.

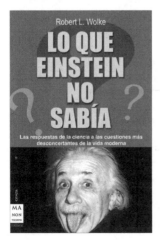

Lo que Einstein no sabía
Robert L.Wolke

El autor, profesor emérito de química de la Universidad de Pittsburg, aporta hechos irrefutables, predicciones asombrosas y verdades impactantes. Además, rebate algunos mitos muy extendidos (como la creencia común de que la sal deshace el hielo que se acumula en la entrada de la casas o en las carreteras) y revela el porqué de hechos cotidianos (cómo se ilumina un rótulo de neón), al tiempo que incita al lector a experimentar por su cuenta (¿qué ocurre cuando se araña el interior de una jarra llena de cerveza con un cuchillo afilado?).